高等学校通识教育系列教材

数据库技术与应用实践教程
—— SQL Server 2012

奎晓燕　刘卫国　主编

清华大学出版社

北京

内 容 简 介

　　本书是与《数据库技术与应用——SQL Server 2012》配套的实践教材。全书包括实验指导、习题选解和应用案例 3 部分内容。根据课程基本要求，实验指导部分设计了 12 个实验，以方便读者上机操作练习。习题选解部分则按照课程内容体系，编写了大量的习题并给出了参考答案，可以作为课程学习的辅助材料。应用案例部分在课程学习的基础上加以拓展，提供了一个数据库应用系统案例，帮助读者掌握数据库应用系统开发的方法。

　　本书集实验、习题和案例于一体，内容丰富，实用性强，且具有综合性和启发性，适合作为高等学校"数据库技术与应用"课程的教学用书，也可供社会各类计算机应用人员阅读参考。

图书在版编目(CIP)数据

　　数据库技术与应用实践教程：SQL Server 2012/奎晓燕，刘卫国主编. —北京：清华大学出版社，2020.5
（2021.8重印）
　　高等学校通识教育系列教材
　　ISBN 978-7-302-55137-9

　　Ⅰ. ①数… Ⅱ. ①奎… ②刘… Ⅲ. ①关系数据库系统－高等学校－教材 Ⅳ. ①TP311.132.3

中国版本图书馆 CIP 数据核字(2020)第 048927 号

责任编辑：刘向威　张爱华
封面设计：文　静
责任校对：胡伟民
责任印制：杨　艳

出版发行：清华大学出版社
　　　　网　　　址：http://www.tup.com.cn，http://www.wqbook.com
　　　　地　　　址：北京清华大学学研大厦 A 座　　　　　　邮　　编：100084
　　　　社 总 机：010-62770175　　　　　　　　　　　　　邮　　购：010-83470235
　　　　投稿与读者服务：010-62776969，c-service@tup.tsinghua.edu.cn
　　　　质量反馈：010-62772015，zhiliang@tup.tsinghua.edu.cn
　　　　课件下载：http://www.tup.com.cn，010-83470236
印 刷 者：北京富博印刷有限公司
装 订 者：北京市密云县京文制本装订厂
经　　销：全国新华书店
开　　本：185mm×260mm　　印　张：13.25　　　　　　字　　数：335 千字
版　　次：2020 年 7 月第 1 版　　　　　　　　　　　　　印　　次：2021 年 8 月第 2 次印刷
印　　数：1501～3000
定　　价：39.00 元

产品编号：080953-01

前　言

在信息社会，数据已经成为重要的资源。大数据时代改变了人类原有的生活和发展模式，也改变了人类认识世界和判断价值的方式。以数据库技术为基础的数据管理技术，可以对数据进行有效的收集、加工、分析与处理，从而释放更多的数据价值，充分发挥数据的作用。随着计算机技术的发展，特别是计算机网络的发展，数据库技术应用到了人类社会的各个领域，成为信息化建设的重要技术支撑。

"数据库技术与应用"是高等学校一门重要的计算机基础课程。通过该课程的学习，学生可以准确理解数据库的基本概念以及数据库在各领域的应用，掌握数据库技术及其应用开发方法，具备利用数据库工具开发数据库应用系统的基本技能，为今后应用数据库技术管理信息、更好地利用信息打下基础。

"数据库技术与应用"是一门实践性很强的课程。学习数据库的基础知识、掌握数据库的操作与数据库系统的应用开发技术，不能仅限于纸上谈兵，而要通过大量的上机实践与作业练习才能实现，因此数据库应用能力的培养必须以实践为前提。本书是与《数据库技术与应用——SQL Server 2012》（清华大学出版社，刘卫国、奎晓燕主编）配套的实践教材。全书包括实验指导、习题选解和应用案例3部分内容。

根据课程基本要求，实验指导部分设计了12个实验，每个实验都和课程学习的知识点相配合，以帮助读者通过上机实践加深对课程内容的理解，更好地掌握数据库的基本操作。每个实验包括实验目的、实验内容和实验思考等，实验内容包括适当的操作提示，以帮助读者完成操作练习。实验思考作为实验内容的扩充，留给读者结合上机操作进行思考，读者可以根据实际情况从中选择部分内容作为上机练习。

习题选解部分，按照课程内容体系编写了大量的习题并给出了参考答案，可以作为课程学习的辅助材料。在学习这部分内容时，应重点理解和掌握与题目相关的知识点，而不要死记答案。应在阅读教材的基础上做题，通过做题达到强化、巩固和提高的目的。

应用案例部分在课程学习的基础上加以拓展，以培养数据库应用开发技术为目标，通过对一个数据库应用系统设计与实现过程的分析，以 Visual Basic .NET（简称 VB .NET）为前端开发工具，帮助读者掌握开发 SQL Server 2012 数据库应用系统的一般设计方法与实现步骤，应用案例对读者进行系统开发能起到示范或引导作用。

本书集实验、习题和案例于一体，内容丰富，实用性强，且具有综合性和启发性，适合作为高等学校"数据库技术与应用"课程的教学参考书，也可供社会各类计算机应用人员阅读参考。

本书由奎晓燕、刘卫国任主编,第1、2部分由奎晓燕和刘泽星编写,第3部分由刘卫国编写。此外,参与部分编写工作的还有熊拥军、严晖、童键、蔡旭晖等。在本书编写过程中,吸取了许多老师、读者的宝贵意见和建议,在此表示衷心的感谢。清华大学出版社的编辑对本书的策划、出版做了大量工作,在此一并表示衷心的感谢。

由于作者水平有限,书中难免存在疏漏之处,恳请广大读者批评指正。

作　者

2019 年 9 月

目　录

第一部分　实验指导

第二部分　习题选解

第三部分　应用案例

第一部分

实 验 指 导

实验指导部分根据课程基本要求设计了 12 个实验，每个实验都和课程学习的知识点相配合，以帮助读者通过上机实践加深对课程内容的理解，更好地掌握数据库的基本操作。 实验指导部分使用的数据库，如果没有特别指明，则为 studentsdb 数据库，该数据库从实验 2 开始创建。

为了达到理想的实验效果，希望读者能做到以下 3 点：

（1） 实验前要认真准备，根据实验目的和实验内容，复习好实验中要用到的概念与操作步骤，做到胸有成竹，提高上机效率。

（2） 实验过程中要积极思考，注意掌握各种操作的共同规律，分析操作结果以及各种屏幕信息的含义。

（3） 实验后要认真总结，总结本次实验有哪些收获，还存在哪些问题，并写出实验报告。

实验1 SQL Server 2012的
安装及管理工具的使用

一、实验目的

1. 了解 SQL Server 2012 安装对软、硬件的要求,掌握安装方法。
2. 了解 SQL Server 的注册和配置方法。
3. 了解 SQL Server 2012 包含的主要组件及其功能。
4. 熟悉 SQL Server 2012 管理平台的界面及基本使用方法。
5. 了解数据库及其对象。
6. 了解在 SQL Server 管理平台中执行 SQL 语句的方法。

二、实验内容及步骤

1. 根据软、硬件环境的要求,安装 SQL Server 2012。

2. 在 Windows 桌面选择"开始"→"所有程序"→Microsoft SQL Server 2012→"配置工具"→"SQL Server 配置管理器"命令,打开"SQL Server 配置管理器"窗口,在界面左边的树目录中选择"SQL Server 服务"选项,在右边的列表区中选择"SQL Server (MSSQLSERVER)"并打开其属性窗口。在"SQL Server(MSSQLSERVER)"属性窗口中可以单击"启动""重新启动""停止"和"暂停"按钮来启动或停止 SQL Server 服务。

3. 在 Windows 桌面选择"开始"→"所有程序"→Microsoft SQL Server 2012→SQL Server Management Studio 命令,打开 SQL Server 管理平台。

4. 在 SQL Server 管理平台中,查看本地已注册的 SQL Server。查找网络上另一台计算机,并且注册该机上的 SQL Server,注册时使用"Windows 身份认证"或"SQL Server 身份认证"的连接方式。

5. 从 SQL Server 管理平台中删除网络 SQL Server 服务器。

6. 在 SQL Server 管理平台的"对象资源管理器"窗口中打开本地服务器的属性对话框,查看以下信息:产品、操作系统、平台、版本、语言、内存等。

三、实验思考

1. SQL Server 管理平台的作用是什么？如何进入 SQL Server 管理平台？
2. SQL Server 配置管理器的作用是什么？如何进入 SQL Server 配置管理器？
3. 用几种不同的方法实现注册数据库服务器与对象资源管理器的连接。
4. 查询编辑器窗口的作用是什么？如何打开查询编辑器窗口？
5. 改变查询编辑器的当前数据库，使用什么方法？

实验2　SQL Server数据库的管理

一、实验目的

1. 了解 SQL Server 数据库的逻辑结构和物理结构的特点。
2. 学会使用 SQL Server 管理平台对数据库进行管理。
3. 学会使用 Transact-SQL 语句对数据库进行管理。

二、实验内容及步骤

1. 在 SQL Server 管理平台中创建数据库。

（1）运行 SQL Server 管理平台，在"对象资源管理器"窗口中展开服务器。

（2）右击"数据库"结点，在快捷菜单中选择"新建数据库"命令，在"新建数据库"对话框的"数据库名称"文本框中输入学生管理数据库名称 studentsdb，单击"确定"按钮。

2. 选择 studentsdb 数据库，右击，在其快捷菜单中选择"属性"命令，查看"常规""文件""文件组""选项""权限"和"扩展属性"等页面。

3. 打开 studentsdb 数据库的"属性"对话框，在"文件"选项卡中的数据库文件列表中修改 studentsdb 行数据文件的"分配的空间"大小为 10MB，指定"最大文件大小"为 200MB，修改 studentsdb 数据库的日志文件的大小在每次填满时自动递增 20%。

4. 单击"新建查询"按钮，打开查询编辑器窗口，在查询编辑器窗口中使用 Transact-SQL 语句 CREATE DATABASE 创建 studb 数据库。然后通过系统存储过程 sp_helpdb 查看系统中的数据库信息。

5. 在查询编辑器中使用 Transact-SQL 语句 ALTER DATABASE 修改 studb 数据库的设置，指定行数据文件大小为 10MB，最大文件大小为 200MB，自动递增大小为 5MB。

6. 在查询编辑器中为 studb 数据库增加一个日志文件，命名为 studb_Log2，初始大小为 5MB，自动递增大小为 10%，最大文件大小为 20MB。

7. 使用 SQL Server 管理平台将 studb 数据库的名称更改为 student_db。

8. 在 SQL Server 管理平台中删除 student_db 数据库，或者使用 Transact-SQL 语句 DROP DATABASE 删除 student_db 数据库。

三、实验思考

1. 数据库中的日志文件是否属于某个文件组？

2. 数据库中的主数据文件一定属于主文件组吗？

3. 数据文件和日志文件可以在同一个文件组吗？为什么？

4. 删除了数据库，其数据文件和日志文件是否已经删除？是否任何人都可以删除数据库？删除了的数据库还有可能恢复吗？

5. 能够删除系统数据库吗？

实验3 SQL Server数据表的管理

一、实验目的

1. 学会使用 SQL Server 管理平台和 Transact-SQL 语句 CREATE TABLE 和 ALTER TABLE 创建和修改表。

2. 学会在 SQL Server 管理平台中对表进行插入、修改和删除数据操作。

3. 学会使用 Transact-SQL 语句对表进行插入、修改和删除数据操作。

4. 了解 SQL Server 的常用数据类型。

二、实验内容及步骤

1. 启动 SQL Server 管理平台,在"对象资源管理器"窗口中展开 studentsdb 数据库文件夹。

2. 在 studentsdb 数据库中包含数据表 student_info、curriculum、grade,这些表的数据结构如图 1-1～图 1-3 所示。

3. 在 SQL Server 管理平台中创建 student_info、curriculum 表。

4. 使用 Transact-SQL 语句 CREATE TABLE 在 studentsdb 数据库中创建 grade 表。

	列名	数据类型	允许 Null 值
🔑	学号	char(4)	☐
	姓名	char(8)	☑
	性别	char(2)	☑
	出生日期	date	☑
	家庭住址	varchar(50)	☑
	备注	varchar(MAX)	☑

图 1-1 学生基本情况表 student_info

5. 在 SQL Server 管理平台中,将 student_info 表的学号列设置为主键,非空。

	列名	数据类型	允许 Null 值
🔑	课程编号	char(4)	☐
	课程名称	varchar(50)	☑
	学分	int	☑

图 1-2 课程信息表 curriculum

	列名	数据类型	允许 Null 值
🔑	学号	char(4)	☐
🔑	课程编号	char(10)	☐
	分数	int	☑

图 1-3 学生成绩表 grade

6. 在 SQL Server 管理平台中,将 curriculum 表的课程编号列设置为主键,非空。

7. 在 SQL Server 管理平台中,将 grade 表的学号列和课程编号列的组合设置为主键、非空。

8. student_info、curriculum、grade 表的数据如图 1-4～图 1-6 所示。

	学号	姓名	性别	出生日期	家庭住址	备注
▶	0001	刘卫平	男	2000-10-01	衡阳市东风路78号	
	0002	张卫民	男	1999-12-01	东阳市八一北路25...	NULL
	0003	马东	男	2000-07-06	长岭市五一路785号	NULL
	0004	钱达理	男	2000-01-16	滨海市洞庭大道27...	NULL
	0005	东方牧	男	1999-06-01	长岛市解放路26号	NULL
	0006	郭文斌	男	2000-01-09	南山市红旗路115号	NULL
	0007	肖海燕	女	2000-03-29	东方市南京路11号	NULL
	0008	张明华	女	1999-06-19	滨江市新建路96号	NULL
	0009	张丽芳	女	2001-07-15	东兴市中江大道21...	NULL
	0010	李奕铭	男	2000-03-19	北江市育新路25号	NULL
*	NULL	NULL	NULL	NULL	NULL	NULL

图 1-4　student_info 表的数据

	学号	课程编号	分数
▶	0001	0006	92
	0002	0006	85
	0003	0006	87
	0001	0001	82
	0001	0002	91
	0001	0003	87
	0001	0004	89
	0001	0005	78
	0002	0001	76
	0002	0002	73
	0002	0003	72
	0002	0004	75
	0002	0005	90
	0003	0001	83
	0003	0002	76
	0003	0003	85
	0003	0004	75
	0003	0005	81
*	NULL	NULL	NULL

	课程编号	课程名称	学分
▶	0001	大学计算机基础	2
	0002	C语言程序设计	2
	0003	SQL Server数据库与应用	2
	0004	英语	4
	0005	高等数学	4
	0006	数字电路	3
	0007	绘画	2
*	NULL	NULL	NULL

图 1-5　curriculum 表的数据

图 1-6　grade 表的数据

9. 在 SQL Server 管理平台中为 student_info、curriculum、grade 表添加数据。

10. 使用 Transact-SQL 语句 INSERT INTO…VALUES 向 studentsdb 数据库的 grade 表插入数据:学号为 0004,课程编号为 0001,分数为 80。

11. 使用 Transact-SQL 语句 ALTER TABLE 修改 curriculum 表的"课程编号"列,使之为非空。

12. 使用 Transact-SQL 语句 ALTER TABLE 修改 grade 表的"分数"列,使其数据类型为 real。

13. 使用 Transact-SQL 语句 ALTER TABLE 修改 student_info 表的"姓名"列,使其

列名为"学生姓名",数据类型为 vachar(10),非空。

14. 分别使用 SQL Server 管理平台和 Transact-SQL 语句 DELETE 删除 studentsdb 数据库的 grade 表中学号为 0004 的成绩记录。

```
DELETE grade WHERE 学号 = '0004'
```

15. 使用 Transact-SQL 语句 UPDATE 修改 studentsdb 数据库的 grade 表中学号为 0003、课程编号为 0005 的分数为 90 分。

```
UPDATE grade SET 分数 = 90
WHERE 学号 = '0003' and 课程编号 = '0005'
```

16. 使用 Transact-SQL 语句 ALTER...ADD 为 studentsdb 数据库的 grade 表添加一个名为"备注"的数据列,其数据类型为 VARCHAR(50)。

```
ALTER TABLE grade ADD 备注 VARCHAR(50) NULL
```

17. 分别使用 SQL Server 管理平台和 Transact-SQL 语句 DROP TABLE 删除 studentsdb 数据库中 grade 表。

三、实验思考

1. 使用 Transact-SQL 语句删除在 studentsdb 数据库的 grade 表中添加的"备注"数据列。

2. 在 SQL Server 管理平台中,在 studentsdb 数据库的 student_info 表中输入数据时,如果输入相同学号的记录将出现什么现象? 为什么?

3. 能删除已经打开的表吗?

4. 在 SQL Server 2012 中能将数据表中的字段名和其数据类型同时改变吗?

实验4　数据查询

一、实验目的

1. 掌握使用 Transact-SQL 的 SELECT 语句进行基本查询的方法。
2. 掌握使用 SELECT 语句进行条件查询的方法。
3. 掌握 SELECT 语句的 GROUP BY、ORDER BY 以及 UNION 子句的作用和使用方法。
4. 掌握嵌套查询的方法。
5. 掌握连接查询的操作方法。

二、实验内容及步骤

1. 在 studentsdb 数据库中,使用下列 SQL 语句将输出什么?

(1) SELECT COUNT(*) FROM grade

(2) SELECT SUBSTRING(姓名,1,2) FROM student_info

(3) SELECT UPPER('kelly')

(4) SELECT Replicate('kelly',3)

(5) SELECT SQRT(分数) FROM grade WHERE 分数>=85

(6) SELECT 2,3,POWER(2,3)

(7) SELECT YEAR(GETDATE()),MONTH(GETDATE()),DAY(GETDATE())

2. 在 studentsdb 数据库中使用 SELECT 语句进行基本查询。

(1) 在 student_info 表中,查询每个学生的学号、姓名、出生日期信息。

(2) 查询学号为 0002 的学生的姓名和家庭住址。

(3) 找出所有男同学的学号和姓名。

3. 使用 SELECT 语句进行条件查询。

(1) 在 grade 表中查找分数在 80～90 分内的学生的学号和分数。

(2) 在 grade 表中查询课程编号为 0003 的学生的平均分。

(3) 在 grade 表中查询学习各门课程的人数。

（4）将学生按出生日期由大到小排序。

（5）查询所有姓"张"的学生的学号和姓名。

```
SELECT * FROM student_info WHERE 姓名 LIKE '张 %'
```

4．对 student_info 表，按性别顺序列出学生的学号、姓名、性别、出生日期及家庭住址，性别相同的按学号由小到大排序。

5．使用 GROUP BY 查询子句列出各个学生的平均成绩。

6．使用 UNION 运算符将 student_info 表中姓"刘"的学生的学号、姓名与姓"张"的学生的学号、姓名返回在一个表中，如图 1-7 所示。

```
SELECT * FROM student_info WHERE 姓名 LIKE '刘 %'
UNION
SELECT * FROM student_info WHERE 姓名 LIKE '张 %'
```

	学号	姓名	性别	出生日期	家庭住址	备注
1	0001	刘卫平	男	2000-10-01	衡阳市东风路78号	NULL
2	0002	张卫民	男	1999-12-01	东阳市八一北路25号	NULL
3	0008	张明华	女	1999-06-19	滨江市新建路96号	NULL
4	0009	张俪芳	女	2001-07-15	东兴市中江大道219号	NULL

图 1-7 联合查询结果集

7．嵌套查询。

（1）在 student_info 表中查找与"刘卫平"性别相同的所有学生的姓名、出生日期。

```
SELECT 姓名,出生日期
FROM student_info
WHERE 性别 =
(SELECT 性别
FROM student_info
WHERE 姓名 = '刘卫平')
```

（2）使用 IN 子查询查找所修课程编号为 0002、0005 的学生的学号、姓名、性别。

```
SELECT 学号,姓名,性别
FROM student_info
WHERE student_info.学号 IN
(SELECT 学号
FROM grade
WHERE 课程编号 IN ('0002','0005'))
```

（3）列出学号为 0001 的学生的分数比 0002 号的学生的最低分数高的课程编号和分数。

```
SELECT 课程编号,分数
FROM grade
WHERE 学号 = '0001' AND 分数> ANY
(SELECT 分数 FROM grade
WHERE 学号 = '0002')
```

（4）列出学号为 0001 的学生的分数比学号为 0002 的学生的最高成绩还要高的课程编号和分数。

8. 连接查询。

（1）查询分数在 80～90 分的学生的学号、姓名、分数。

```
SELECT student_info.学号,姓名,分数
FROM student_info,grade
WHERE student_info.学号 = grade.学号 AND 分数 BETWEEN 80 AND 90
```

（2）查询学习"C 语言程序设计"课程的学生的学号、姓名、分数。

```
SELECT student_info.学号,姓名,分数
FROM student_info
INNER JOIN grade ON student_info.学号 = grade.学号
INNER JOIN curriculum ON 课程名称 = 'C 语言程序设计'
```

（3）查询所有男同学的选课情况，要求列出学号、姓名、课程名称、分数。

（4）查询每个学生所选课程的最高成绩，要求列出学号、姓名、课程编号、分数。

（5）查询所有学生的总成绩，要求列出学号、姓名、总成绩，没有选修课程的学生的总成绩为空。

提示：使用左外连接。

（6）为 grade 表添加数据行：学号为 0004、课程编号为 0008（curriculum 表中没有的课程编号）、分数为 93 分。查询所有课程的选修情况，要求列出课程编号、课程名称、选修人数，curriculum 表中没有的课程列值为空。

提示：使用右外连接。

三、实验思考

1. 查询所有没有选修课程的学生信息，返回结果包括学号、姓名、性别。

2. 在 student_info 表和 grade 表之间实现交叉连接。

3. 查询每个学生选修课程的平均成绩。

4. 在查询语句中 SELECT、FROM 和 WHERE 选项分别实现什么运算？

5. 在查询的 FROM 子句中实现表与表之间的连接有哪几种方式？对应的关键字分别是什么？

实验5 索引与视图

一、实验目的

1. 学会使用 SQL Server 管理平台和 Transact-SQL 语句 CREATE INDEX 创建索引。
2. 学会使用 SQL Server 管理平台查看索引。
3. 学会使用 SQL Server 管理平台和 Transact-SQL 语句 DROP INDEX 删除索引。
4. 掌握使用 SQL Server 管理平台和 Transact-SQL 语句 CREATE VIEW 创建视图。
5. 了解索引和视图更名的系统存储过程 sp_rename 的用法。
6. 掌握使用 Transact-SQL 语句 ALTER VIEW 修改视图的方法。
7. 了解删除视图的 Transact-SQL 语句 DROP VIEW 的用法。

二、实验内容及步骤

1. 分别使用 SQL Server 管理平台和 Transact-SQL 语句为 studentsdb 数据库的 student_info 表和 curriculum 表创建主键索引。

2. 使用 SQL Server 管理平台按 curriculum 表的课程编号列创建唯一性索引。

3. 分别使用 SQL Server 管理平台和 Transact-SQL 语句为 studentsdb 数据库的 grade 表的"分数"字段创建一个非聚集索引,命名为 grade_index。

```
CREATE INDEX grade_index ON grade(分数)
```

4. 为 studentsdb 数据库的 grade 表的"学号"和"课程编号"字段创建一个复合唯一索引,命名为 grade_id_c_ind。

```
CREATE UNIQUE INDEX grade_id_c_ind ON grade(学号,课程编号)
```

5. 分别使用 SQL Server 管理平台和系统存储过程 sp_helpindex 查看 grade 表和 student_info 表上的索引信息。

```
sp_helpindex grade
```

6. 使用 SQL Server 管理平台对 grade 表创建一个聚集索引和唯一索引。

7. 使用系统存储过程 sp_rename 将索引 grade_index 更名为 grade_ind。

```
sp_rename 'grade.grade_index','grade_ind','INDEX'
```

8. 分别使用 SQL Server 管理平台和 Transact-SQL 语句 DROP INDEX 删除索引 grade_ind。再次使用系统存储过程 sp_helpindex 查看 grade 表上的索引信息。

```
DROP INDEX grade.grade_ind
```

9. 在 studentsdb 数据库中，以 student_info 表为基础，使用 SQL Server 管理平台建立名为 v_stu_i 的视图，使视图显示学生姓名、性别、家庭住址。

10. 在 studentsdb 数据库中，使用 Transact-SQL 语句 CREATE VIEW 建立一个名为 v_stu_c 的视图，显示学生的学号、姓名、所学课程的课程编号，并利用视图查询学号为 0003 的学生情况。

	学号	姓名	课程名称	分数
1	0001	刘卫平	数字电路	92
2	0001	刘卫平	大学计算机基础	82
3	0001	刘卫平	C语言程序设计	91
4	0001	刘卫平	SQL Server数据库与应用	87
5	0001	刘卫平	英语	89
6	0001	刘卫平	高等数学	78

图 1-8　学号为 0001 的学生的
视图信息

11. 基于 student_info 表、curriculum 表和 grade 表，建立一个名为 v_stu_g 的视图，视图中具有所有学生的学号、姓名、课程名称、分数。使用视图 v_stu_g 查询学号为 0001 的学生的所学课程与成绩，如图 1-8 所示。

12. 分别使用 SQL Server 管理平台和 Transact-SQL 语句修改视图 v_stu_c，使之显示学号、姓名、每个学生所学课程数目。

13. 使用 Transact-SQL 语句 ALTER VIEW 修改视图 v_stu_i，使其具有列名学号、姓名、性别。

```
ALTER VIEW v_stu_i(学号,姓名,性别)
AS SELECT 学号,姓名,性别 FROM student_info
```

14. 使用系统存储过程 sp_rename 将视图 v_stu_i 更名为 v_stu_info。

```
sp_rename v_stu_i,v_stu_info
```

15. 利用视图 v_stu_info 为 student_info 表添加一行数据：学号为 0015、姓名为陈婷、性别为女。

```
INSERT INTO v_stu_info VALUES('0015','陈婷','女')
```

16. 利用视图 v_stu_i 删除学号为 0015 的学生记录。

17. 利用视图 v_stu_g 修改姓名为刘卫平的学生的高等数学的分数为 93。

18. 使用 Transact-SQL 语句 DROP VIEW 删除视图 v_stu_c 和 v_stu_g。

三、实验思考

1. 比较通过视图和基表操作表中数据的异同。

2. 可更新视图必须满足哪些条件？

3. 什么是索引？SQL Server 2012 中有聚集索引和非聚集索引，简单叙述它们的区别。

4. 能否在视图上创建索引？

实验6　数据完整性

一、实验目的

1. 掌握 Transact-SQL 语句（CREATE RULE、DROP RULE）创建和删除规则的方法。

2. 掌握系统存储过程 sp_bindrule、sp_unbindrule 绑定和解除绑定规则的操作方法，以及 sp_helptext 查询规则信息、sp_rename 更名规则的方法。

3. 掌握 Transact-SQL 语句（CREATE DEFAULT、DROP DEFAULT）创建和删除默认对象的方法。

4. 掌握系统存储过程 sp_bindefault、sp_unbindefault 绑定和解除绑定默认对象的操作方法，以及 sp_helptext 查询默认对象信息。

5. 掌握 SQL Server 管理平台和 Transact-SQL 语句（CREATE TABLE、ALTER TABLE）定义和删除约束的方法，并了解约束的类型。

二、实验内容

1. 为 studentsdb 数据库创建一个规则，限制所输入的数据为 7 位 0～9 的数字。

（1）复制 student_info 表并命名为 stu_phone，在 stu_phone 表中插入一列，列名为"电话号码"。完成以下代码实现该操作。

```
SELECT * INTO stu_phone FROM student_info
ALTER TABLE stu_phone ADD _____ CHAR(7) NULL
```

stu_phone 表结构如图 1-9 所示。

（2）创建一个规则 phone_rule，限制所输入的数据为 7 位 0～9 的数字。实现该规则的代码为：

```
CREATE _____ phone_rule
AS
@phone LIKE '[0-9][0-9][0-9][0-9][0-9][0-9][0-9]'
```

	学号	姓名	性别	出生日期	家庭住址	备注	电话号码
✎	0001	刘卫平	男	2000-10-01	衡阳市东风路78号	NULL	NULL
	0002	张卫民	男	1999-12-01	东阳市八一北路2...	NULL	NULL
	0003	马东	男	2000-07-06	长岭市五一路785...	NULL	NULL
	0004	钱达理	男	2000-01-16	滨海市洞庭大道2...	NULL	NULL
	0005	东方牧	男	1999-06-01	长岛市解放路26号	NULL	NULL
	0006	郭文斌	男	2000-01-09	南山市红旗路115...	NULL	NULL
	0007	肖海燕	女	2000-03-29	东方市南京路11号	NULL	NULL
	0008	张明华	女	1999-06-19	滨江市新建路96号	NULL	NULL
	0009	张丽芳	女	2001-07-15	东兴市中江大道2...	NULL	NULL
	0010	李奕铭	男	2000-03-19	北江市育新路25号	NULL	NULL

图 1-9   stu_phone 表结构

(3) 使用系统存储过程 sp_bindrule 将 phone_rule 规则绑定到 stu_phone 表的"电话号码"列上。实现该操作的代码为：

```
sp_bindrule _____ ,'stu_phone.电话号码'
```

2. 创建一个规则 stusex_rule，将其绑定到 stu_phone 表的"性别"列上，保证输入的性别值只能是"男"或"女"。

3. 使用系统存储过程 sp_help 查询 stusex_rule 规则列表，使用 sp_helptext 查询 stusex_rule 规则的文本，使用 sp_rename 将 stusex_rule 规则更名为 stu_s_rule。

4. 删除 stu_s_rule 规则。

思考：stu_s_rule 为 stusex_rule 更名后的规则名，是否仍然绑定在 stu_phone 表的"性别"列上？应如何操作才能删除它？

5. 在 studentdb 数据库中，建立日期、货币和字符等数据类型的默认对象。

(1) 在查询编辑器中，完成以下代码，创建默认对象 df_date、df_char、df_money。

```
-- 创建日期型默认对象 df_date
CREATE _____ df_date
AS '2019 - 4 - 12'
GO
--- 创建字符型默认对象 df_char
CREATE DEFAULT df_char
_____ 'unknown'
GO
-- 创建货币型默认对象 df_money
CREATE DEFAULT _____
AS $ 100
GO
```

(2) 输入以下代码，在 studentsdb 数据库中创建 stu_fee 数据表。

```
CREATE TABLE stu_fee
(学号 char(10) NOT NULL,
姓名 char(8) NOT NULL,
学费 money,
交费日期 datetime,
电话号码 char(7))
```

表 stu_fee 的数据结构如图 1-10 所示。

学号	姓名	学费	交费日期	电话号码

图 1-10 表 stu_fee 的数据结构

(3) 使用系统存储过程 sp_bindefault 将默认对象 df_date、df_char、df_money 分别绑定在 stu_fee 表的"学费""交费日期""电话号码"列上。

```
_____ df_money,'stu_fee.学费'
GO
sp_bindefault _____,'stu_fee.交费日期'
GO
sp_bindefault df_char,'stu_fee.电话号码'
GO
```

(4) 输入以下代码,在 stu_fee 表进行插入操作。

```
INSERT INTO stu_fee(学号,姓名) values('0001','刘卫平')
INSERT INTO stu_fee(学号,姓名,学费) values('0001','张卫民',120)
INSERT INTO stu_fee(学号,姓名,学费,交费日期)
VALUES('0001','马东',110,'2019-8-27')
```

分析 stu_fee 表中插入记录的各列的值是什么。

(5) 完成以下代码解除默认对象 df_char 的绑定,并删除之。

```
_____ 'stu_fee.电话号码'
_____ DEFAULT df_char
```

按同样的方式,删除默认对象 df_date、df_money。

6. 为 student_info 表添加一列,命名为"院系",创建一个默认对象 stu_d_df,将其绑定到 student_info 表的"院系"列上,使其默认值为"信息院",对 student_info 表进行插入操作,操作完成后,删除该默认对象。

7. 在 studentsdb 数据库中用 CREATE TABLE 语句创建表 stu_con,并同时创建约束。

(1) 创建表的同时创建约束。表结构如图 1-11 所示。

列名	数据类型	允许 Null 值
学号	char(4)	☐
姓名	char(8)	☑
性别	char(2)	☑
出生日期	datetime	☑
家庭住址	nvarchar(50)	☑

图 1-11 要创建的表的结构

约束要求如下:
① 将学号设置为主键(PRIMARY KEY),主键名为 pk_sid。
② 为姓名添加唯一约束(UNIQUE),约束名为 uk_name。
③ 为性别添加默认约束(DEFAULT),默认名称为 df_sex,其值为"男"。

④ 为出生日期添加属性值约束(CHECK),约束名为 ck_bday,其检查条件为:出生日期>'1995-7-1'。

(2) 在 stu_con 表中插入如表 1-1 所示的数据记录。

表 1-1　在 stu_con 表中插入的数据

学　号	姓　名	性　别	出 生 日 期	家 庭 住 址
0009	张小东		2000-4-6	
0010	李 梅	女	2001-8-5	
0011	王 强		2000-9-2	
0012	王 强		2001-6-3	

分析各约束在插入记录时所起的作用,查看插入记录后表中数据与所插入的数据是否一致。

(3) 使用 ALTER TABLE 语句的 DROP CONSTRAINT 参数项在查询编辑器中删除为 stu_con 表所建的约束。

8. 用 SQL Server 管理平台完成实验内容 7 的所有设置。

9. 在查询编辑器中,为 studentsdb 数据库的 grade 表添加外键约束(FOREIGN KEY),要求将"学号"设置为外键,参照表为 student_info,外键名称为 fk_sid。

(1) 使用系统存储过程 sp_help 查看 grade 表的外键信息。

(2) 在 grade 表中插入一条记录,学号为 0100,课程编号为 0001,分数为 78 分。观察 SQL Server 会做何处理,为什么?如何解决所产生的问题?

(3) 使用查询编辑器删除 grade 表的外键 fk_sid。

三、实验思考

1. 在 SQL Server 2012 中,可采用哪些方法实现数据完整性?
2. 比较默认对象和默认约束的异同。
3. 可以使用 SQL Server 管理平台创建规则和默认值对象吗?
4. 在数据库中建立的规则不绑定到数据表的列上会起作用吗?为什么?
5. 请说明唯一约束和主键约束之间的联系和区别。

实验7　Transact-SQL 程序设计

一、实验目的

1. 掌握 Transact-SQL 的数据类型、常量、变量、表达式等的概念和使用方法。
2. 掌握程序中注释的基本概念和使用方法。
3. 掌握程序中的流程控制语句。
4. 掌握 SQL Server 2012 中常用函数的用法。
5. 掌握游标的概念和声明方法，以及使用游标进行数据的查询、修改、删除操作等。

二、实验内容

1. 选择 studentsdb 数据库，打开新建查询编辑器，输入以下代码。

```
DECLARE @stu_name varchar(10)
SELECT @stu_name = 姓名
FROM student_info
WHERE 姓名 LIKE '张%'
SELECT @stu_name
```

观察显示的结果，与 student_info 表中数据进行比较，@stu_name 赋值的是 SELECT 结果集中的哪个数据？

2. 定义 int 型局部变量@grademax、@grademin、@gradesum，在 grade 表中查找最高分、最低分和总分，分别赋给@grademax、@grademin 和@gradesum，并显示。

```
DECLARE @grademax int,@grademin int,@gradesum int
SELECT @grademax = max(分数),@grademin = min(分数),@gradesum = sum(分数)
FROM grade
SELECT @grademax,@grademin,@gradesum
```

3. 使用 SET 命令将查询结果集记录数目赋值给 int 型局部变量@row。在下面代码中的画线处填上适当的内容，以完成上述操作。

```
DECLARE @rows _____
SET _____ = (SELECT COUNT( * ) FROM grade)
```

_____ @rows -- 显示@rows 的值

4. 以下代码在 curriculum 表中插入新记录：

```
DECLARE @intCId int,@intErrorCode int
INSERT INTO curriculum(课程编号,课程名称,学分)
VALUES('0006','VB 程序设计',2)
SELECT @intCId = @@identity, @intErrorCode = @@error
     SELECT @intCId, @intErrorCode
```

将该代码段连续执行两次，观察两次显示的信息及 curriculum 表中数据的变化，为什么前后两次执行时显示的信息会不同？

5. 在 studentsdb 数据库的 student_info 表中，以"性别"为分组条件，分别统计男生和女生人数。

6. 在 grade 表中，使用适当函数找出"高等数学"课程的最高分、最低分和平均分。

7. 定义一个 datetime 型局部变量@studate，以存储当前日期。计算 student_info 表中的学生的年龄，并显示学生的姓名、年龄。在以下代码的画线部分填入适当内容，以实现上述功能。

```
DECLARE _____ datetime
SET @studate = _____        -- 给@studate 赋值为当前日期
SELECT 姓名, _____ (@studate) - YEAR(出生日期) AS 年龄
FROM student_info
```

8. 运行以下代码，写出运行结果。

```
DECLARE @a int,@b int
SET @a = 168
SET @b = 73
SELECT @a & @b,@a|@b,@a^@b
```

9. 在局部变量@stu_id 中存储了学号值。编写代码查询学号为 0001 的学生的各科平均成绩，如果平均分大于或等于 60 分则显示"你的平均成绩及格了,恭贺你 !!"，否则显示"你的平均成绩不及格"。

```
IF ((SELECT AVG(分数) FROM grade WHERE 学号 = '0001')< 60)
PRINT '你的平均成绩不及格'
ELSE
PRINT '你的平均成绩及格了,恭贺你!!'
```

10. 运行以下代码段，写出运行的结果。

```
DECLARE @counter int
SET @counter = 1
WHILE @counter < 10
BEGIN
SELECT '@counter 的值现在为: ' + CONVERT(CHAR(2),@counter)
SET @counter = @counter + 1
END
```

11. 查询 grade 表。如果分数大于或等于 90 分，显示 A；如果分数大于或等于 80 分小

于 90 分,显示 B;如果分数大于或等于 70 分且小于 80 分,显示 C;如果分数大于或等于 60 分且小于 70 分,显示 D;其他显示 E。在以下代码的画线部分填入适当内容完成上述功能。

```
SELECT 学号,分数,等级 =
CASE
_____ 分数> = 90 THEN 'A'
WHEN 分数> = 80 AND 分数< 90 _____ 'B'
WHEN 分数> = 70 AND 分数< 80 THEN 'C'
WHEN 分数> = 60 AND 分数< 70 THEN _____
ELSE 'E'
END
FROM grade
```

12. 计算 grade 表的分数列的平均值。如果小于 80 分,则分数增加其值的 5%;如果分数的最高值超过 95 分,则终止该操作。在以下代码画线处填入适当的内容以完成上述功能。

```
WHILE (SELECT _____ (分数) FROM grade)< 80
BEGIN
UPDATE grade
SET 分数 = 分数 * 1.05
if (SELECT MAX(分数) FROM grade)> _____
BREAK
ELSE
_____
END
```

13. 编写代码计算并显示@n=1+2+3+…+20。

14. 编写代码计算并显示 1~100 的所有完全平方数。例如,81=9^2,则称 81 为完全平方数。

15. 计算 1~100 的所有素数。

16. 在 studentsdb 数据库中,使用游标查询数据。

(1) 声明一个 stu_cursor 游标,要求返回 student_info 表中性别为"男"的学生记录,且该游标允许前后滚动和修改。

(2) 打开 stu_cursor 游标。

(3) 获取并显示所有数据。

(4) 关闭该游标。

17. 使用游标修改数据。

(1) 打开 stu_cursor 游标。

(2) 将姓"马"的男同学的出生年份加 1。

(3) 关闭 stu_cursor 游标。

18. 声明游标变量@stu_c,使之关联 stu_cursor 游标,利用@stu_c 查询年龄在 6~9 月份出生的学生信息。

19. 使用系统存储过程 sp_cursor_list 显示在当前作用域内的游标及其属性。

三、实验思考

1. Transact-SQL 的运算符主要有哪些?
2. 流程控制语句与其他编程语言提供的语句有何差别?
3. 区分局部变量与全局变量的不同,思考全局变量的用处。
4. 什么函数能将字符串前和尾的空格去掉?
5. 使用什么语句可以打开游标? 打开成功后,游标指针指向结果集的什么位置?

实验8 存储过程与触发器

一、实验目的

1. 掌握通过 SQL Server 管理平台和 Transact-SQL 语句 CREATE PROCEDURE 创建存储过程的方法和步骤。

2. 掌握使用 Transact-SQL 语句 EXECUTE 执行存储过程的方法。

3. 掌握通过 SQL Server 管理平台和 Transact-SQL 语句 ALTER PROCEDURE 修改存储过程的方法。

4. 掌握通过 SQL Server 管理平台和 Transact-SQL 语句 DROP PROCEDURE 删除存储过程的方法。

5. 掌握通过 SQL Server 管理平台和 Transact-SQL 语句 CREATE TRIGGER 创建触发器的方法和步骤。

6. 掌握引发触发器的方法。

7. 掌握使用 SQL Server 管理平台或 Transact-SQL 语句修改和删除触发器的方法。

8. 掌握事务、命名事务的创建方法,了解不同类型的事务的处理情况。

二、实验内容

1. 在查询编辑器中输入以下代码,创建一个利用流控制语句的存储过程 letters_print,该存储过程能够显示 26 个小写字母。

```
CREATE PROCEDURE letters_print
AS
DECLARE @count int
SET @count = 0
WHILE @count < 26
BEGIN
PRINT CHAR (ASCII('a') + @count)
SET @count = @count + 1
END
```

单击查询编辑器的"执行查询"按钮,查看 studentsdb 数据库的存储过程是否有 letters_print。

使用 EXECUTE 命令执行 letters_print 存储过程。

2. 输入以下代码,创建存储过程 stu_info,执行时通过输入姓名,可以查询该姓名对应的学生的各科成绩。

```
CREATE PROCEDURE stu_info @name varchar(40)
AS
SELECT a.学号,姓名,课程编号,分数
FROM student_info a INNER JOIN grade ta
ON a.学号 = ta.学号
WHERE 姓名 = @name
```

使用 EXECUTE 命令执行存储过程 stu_info,其参数值为"马东"。

如果存储过程 stu_info 执行时没有提供参数,要求能按默认值查询(设姓名为"刘卫平"),如何修改该过程的定义?

3. 使用 studentsdb 数据库中的 student_info 表、curriculum 表、grade 表。

(1) 创建一个存储过程 stu_grade,查询学号为 0001 的学生的姓名、课程名称、分数。

(2) 执行存储过程 stu_grade,查询学号为 0001 的学生的姓名、课程名称、分数。

(3) 使用系统存储过程 sp_rename 将存储过程 stu_grade 更名为 stu_g。

4. 使用 student_info 表、curriculum 表、grade 表。

(1) 创建一个带参数的存储过程 stu_g_p,当任意输入一个学生的姓名时,将从 3 个表中返回该学生的学号、选修的课程名称和课程成绩。

(2) 执行存储过程 stu_g_p,查询"刘卫平"的学号、选修课程和课程成绩。

(3) 使用系统存储过程 sp_helptext,查看存储过程 stu_g_p 的文本信息。

5. 使用 student_info 表。

(1) 创建一个加密的存储过程 stu_en,查询所有男学生的信息。

(2) 执行存储过程 stu_en,查看返回学生的情况。

(3) 使用 Transact-SQL 语句 DROP PROCEDURE 删除存储过程 stu_en。

6. 使用 grade 表。

(1) 创建一个存储过程 stu_g_r,当输入一个学生的学号时,通过返回输出参数获取该学生各门课程的平均成绩。

(2) 执行存储过程 stu_g_r,输入学号 0002。

(3) 显示 0002 号学生的平均成绩。

7. 输入以下代码,复制 student_info 表并命名为 stu2,为 stu2 表创建一个触发器 stu_tr,当 stu2 表中插入一条记录时,为该记录生成一个学号,该学号为"学号"列数据的最大值加 1。

```
-- 复制 student_info 表命名为 stu2
SELECT * INTO stu2 FROM student_info
GO
-- 为 stu2 表创建一个 INSERT 型触发器 stu_tr
CREATE TRIGGER stu_tr
ON stu2 FOR INSERT
AS
DECLARE @max char(4)
```

```
SET @max = (SELECT MAX(学号) FROM stu2)
SET @max = @max + 1
UPDATE stu2 SET 学号 = REPLICATE('0',4 - len(@max)) + @max
FROM stu2 INNER JOIN inserted on stu2.学号 = inserted.学号
```

执行以上代码,查看 studentsdb 数据库中是否有 stu2 表,展开 stu2,查看其触发器项中是否有 stu_str 触发器。

在查询编辑器的编辑窗口输入以下代码:

```
INSERT INTO stu2(学号,姓名,性别) VALUES('0001','张婷','女')
```

运行以上代码,查看 stu2 表的变化情况,为什么插入记录的学号值发生了改变?

8. 为 grade 表建立一个名为 insert_g_tr 的 INSERT 触发器,当用户向 grade 表中插入记录时,如果插入的是在 curriculum 表中没有的课程编号,则提示用户不能插入记录,否则提示记录插入成功。在进行插入测试时,分别输入以下数据:

学号	课程编号	分数
0004	0003	76
0005	0007	69

观察插入数据时的运行情况,说明为什么。

9. 为 curriculum 表创建一个名为 del_c_tr 的 DELETE 触发器,该触发器的作用是禁止删除 curriculum 表中的记录。

10. 为 student_info 表创建一个名为 update_s_tr 的 UPDATE 触发器,该触发器的作用是禁止更新 student_info 表中的"姓名"字段的内容。

11. 使用 Transact-SQL 语句 DROP TRIGGER 删除 update_s_tr 触发器。

12. 为 student_info 表建立删除触发器 del_s_tr,要求当 student_info 表的记录被删除后,grade 表中相应的记录也能自动删除。

13. 在 studentsdb 数据库中,执行以下事务处理过程,说明这些事务属于哪一种事务类型(隐性事务、显性事务或自动式事务)。

(1) 事务处理过程 1。

```
BEGIN TRANSACTION
INSERT INTO student_info(学号,姓名) VALUES ('0009','李青')
COMMIT TRANSACTION
```

(2) 事务处理过程 2。

```
SET IMPLICIT_TRANSACTIONS ON
GO
INSERT INTO grade(学号,课程编号) VALUES ('0005','0007')
GO
IF ((SELECT count( * ) FROM curriculum WHERE 课程编号 = '0007') = 0)
ROLLBACK TRANSACTION
ELSE
COMMIT TRANSACTION
SET IMPLICIT_TRANSACTIONS OFF
```

SET IMPLICIT_TRANSACTIONS ON 的作用是什么? 这里的事务由哪个语句启动?

分析 IF 语句的功能,在 grade 表中插入"课程编号"的值为 0007 时,执行哪个事务管理语句(ROLLBACK TRANSACTION 还是 COMMIT TRANSACTION)? 如果"课程编号"的值为 0003 时,情况又如何?

(3) 在(1)(2)的基础上,执行以下事务:

```
INSERT INTO student_info(学号,姓名) VALUES ('0009','王晶')
GO
```

该事务能否完成? 为什么?

14. 分析以下嵌套事务处理过程具有几级嵌套,每级嵌套的事务名称是什么。

```
BEGIN TRANSACTION outertran
INSERT INTO student_info(学号,姓名) VALUES ('0010','王晶')
BEGIN TRANSACTION innertran1
SELECT @@TRANCOUNT
INSERT INTO student_info(学号,姓名) VALUES ('0011','张雷')
BEGIN TRANSACTION innertran2
SELECT @@TRANCOUNT
INSERT INTO student_info(学号,姓名) VALUES ('0012','陈进')
COMMIT TRANSACTION innertran2
COMMIT TRANSACTION innertran1
COMMIT TRANSACTION outertran
```

说明在每个 BEGIN TRANSACTION 语句和 COMMIT TRANSACTION 语句块中当前事务数@@TRANCOUNT 的值是多少。

15. 设计一个"选课"事务,每选一门课程,总学分增加该课程的学分数,如果所选课程的总学分大于 10 分,则选择的课程取消,即事务回滚。

(1) 在 studentsdb 数据库中,从 student_info 表中复制 stu_ch 表,并为 stu_ch 表添加一列,命名为"总学分"。

```
SELECT 学号,姓名,性别 INTO stu_ch FROM student_info
ALTER TABLE stu_ch ADD 总学分 int
GO
```

(2) 建立一个命名事务 ch_c,当学号为@sid 的学生所选的课程(课程编号为@cid)的总学分没有超过 10 分时,将学号和课程编号值(@sid,@cid)添加到 grade 表中,同时修改 stu_ch 表中的总学分,使总学分为当前总学分+所选课程的学分值(@c_h)。否则,取消该事务,实现回滚。

```
DECLARE @sid char(4),@cid char(4),@c_h int
SET @sid = '0004'        -- 学号为 0004
SET @cid = '0003'        -- 课程编号为 0003
SET @c_h = (SELECT 学分 FROM curriculum WHERE 课程编号 = @cid)
 -- @c_h 是课程编号为@cid 的课程的学分值

BEGIN TRANSACTION ch_c
INSERT INTO grade(学号,课程编号) VALUES(@sid,@cid)
UPDATE stu_ch SET 总学分 = 总学分 + @c_h WHERE 学号 = @sid
 -- 使 stu_ch 表的总学分列的值加@c_h
```

IF((SELECT 总学分 FROM stu_ch WHERE 学号 = @sid)> 10)
--判断学号为@sid 的学生总学分是否> 10
BEGIN
ROLLBACK TRANSACTION ch_c --- 是,则回滚,取消 INSERT 和 UPDATE 操作
PRINT '总学分超过 10'
END
ELSE
COMMIT TRANSACTION ch_c

(3) 连续执行事务 ch_c,每次执行给@cid 的赋值分别为'0003'、'0004'、'0005'、'0001',观察事务 ch_c 处理结果及 stu_ch 表与 grade 表的变化。比较@cid 值为'0001'时,与其他取值执行时的不同结果是否相同,为什么。

16. 使用 SELECT 语句为 student_info 表添加表级锁定(NOLOCK),通过系统存储过程 sp_lock 查看有关锁的信息,注意锁的信息存储的数据库。在 SQL Server 2012 管理平台中,观察用户对资源的锁定情况。

三、实验思考

1. 用系统存储过程 sp_helptext 查看系统存储过程是怎么编写出来的。

2. 用系统存储过程 sp_helptrigger 查看前面各触发器的类型。

3. 为 student_info 表建立一个可以处理插入数据的事务的触发器。

4. 什么是事务?事务必须要具备哪几个属性?

5. 什么是锁?锁有哪几种模式?在什么情况下 SQL Server 2012 数据库系统可能发生死锁?应如何解决?

实验9 数据库的安全管理

一、实验目的

1. 掌握 SQL Server 的安全机制，包括身份验证模式及在 SQL Server 管理平台中的设置方法。
2. 掌握登录账号的创建、查看、禁止、删除方法。
3. 掌握数据库用户的创建、修改、删除方法。
4. 掌握数据库用户权限的设置方法。
5. 掌握数据库角色的创建、删除方法。

二、实验内容

1. 在 SQL Server 管理平台中通过 SQL Server 服务器属性对话框对 SQL Server 服务器进行混合认证模式配置。

2. 在 Windows 中创建用户账户，命名为"st_学号"，如 st_10。使用 SQL Server 管理平台为该用户创建一个用于 SQL Server 的登录账户，使用 Windows 身份验证，服务器角色为 system administrators，授权可访问的 studentsdb 数据库，数据库中的访问角色为 public 和 dbo。

3. 使用系统存储过程 sp_addlogin 创建混合模式验证的 SQL Server 登录，指定用户名为"st_学号"（不必在 Windows 中建立该用户，下面以 st_11 为例），密码为学号，默认数据库为 studentsdb。

4. 使用 SQL Server 管理平台或系统存储过程 sp_grantbaccess 为登录账户 st_11 建立数据库用户账户，指定用户名为 st_user。

5. 使用 SQL Server 管理平台或系统存储过程 sp_addsrvrolemember 将登录账户 st_11 添加为固定服务器角色 sysadmin，使 st_11 拥有角色 sysadmin 所拥有的所有权限。

6. 使用 SQL Server 管理平台或系统存储过程 sp_addrole 为 studentsdb 数据库创建自定义数据库角色 student，并使 student 具有 INSERT、DELETE、UPDATE 对象权限和 CREATE TABLE 语句权限。

7. 使用 SQL Server 管理平台或系统存储过程 sp_addrolemember 将 st_user 添加为数据库角色 student 的成员,使它具有 student 的所有权限。

8. 使用 SQL Server 管理平台或系统存储过程 sp_helprotect 查看表 student_info 所具有的权限。

9. 分别在 studentdb 数据库的 grade 表和 student_info 表中进行插入与删除记录的操作,查看操作结果是否具有相应的权限。

10. 使用 SQL Server 管理平台或系统存储过程 sp_revokedbaccess 从当前 studentsdb 数据库中删除用户账户 st_user。

11. 使用系统存储过程 sp_defaultdb 修改 SQL Server 登录账户 st_11 的默认数据库为 master。

12. 使用 SQL Server 管理平台或系统存储过程 sp_droplogin 删除 SQL Server 登录账户 st_11。

三、实验思考

1. 使用系统存储过程查看固定服务器角色和固定数据库角色,说明固定服务器角色和固定数据库角色各具有什么数据库管理权限。

2. SQL Server 2012 服务器的两种身份验证模式有什么区别?

3. 用户、角色和权限之间的关系是什么? 没角色能给用户授权限吗?

4. 可以由用户建立服务器角色吗? 服务器角色可以分配给数据库用户吗?

5. SQL Server 2012 中有哪几级权限?

实验10　数据库的备份与还原

一、实验目的

1. 了解备份和还原的基本概念。
2. 掌握使用 SQL Server 管理平台和 Transact-SQL 语句进行数据库备份的操作方法。
3. 掌握使用 SQL Server 管理平台和 Transact-SQL 语句进行数据库还原的操作方法。

二、实验内容

1. 在 SQL Server 管理平台的"对象资源管理器"窗口中,展开服务器树,选择"服务器对象"结点并展开,在其下的"备份设备"结点上右击,在快捷菜单中选择"新建备份设备"命令,将其命名为 st_bk。

2. 将 studentsdb 数据库完全备份到 st_bk 设备中,命名为 st_bk,备份完成后验证备份。

3. 删除 studentsdb 数据库中的 grade 表。

4. 利用数据库备份 st_bk 对 studentsdb 数据库进行还原,比较还原前后数据库的不同。

5. 新建备份设备,命名为 st_log,将 studentsdb 数据库事务日志备份到 st_log 中,并验证备份。

注意：日志备份不能在简单恢复模型下进行,可以在管理平台中打开要备份的数据库的"属性"对话框,选择"选项"选项卡的"恢复模式"项下拉框的"完整"或"大容量日志"恢复模型,然后再进行备份。

6. 利用日志备份 st_log 对 studentsdb 数据库进行还原。

7. 使用 Transact-SQL 语句 BACKUP DATABASE 和 RESTORE DATABASE 对 studentsdb 数据库进行备份和还原。

8. 使用 Transact-SQL 语句 BACKUP LOG 和 RESTORE LOG 对 studentsdb 数据库进行日志备份和还原。

三、实验思考

1. 哪些数据库文件应该定期备份？
2. 什么是备份设备？SQL Server 2012 中有哪几种备份设备？
3. 数据备份有哪几种类型？
4. 如何使用对象资源管理器进行差异备份和事务日志备份？
5. SQL Server 2012 中提供了哪几种数据恢复模型？
6. 比较不同恢复模型下数据库的备份和还原操作的差异。

实验11 数据库的导入导出以及分离与附加

一、实验目的

1. 掌握用 SQL Server 管理平台在 SQL Server 之间导入导出数据的方法。

2. 掌握用 SQL Server 管理平台在 SQL Server 和 Excel 之间导入导出数据的方法。

3. 掌握用 SQL Server 管理平台在 SQL Server 和文本文件之间导入导出数据的方法。

4. 掌握用 SQL Server 管理平台进行数据库分离的方法及步骤。

5. 掌握用 SQL Server 管理平台进行数据库附加的方法及步骤。

二、实验内容

1. 使用 SQL Server 管理平台将 studentsdb 数据库导入到新的 s1 数据库,使 s1 数据库包含 student_info 表和 grade 表。

2. 将 studentsdb 数据库的 grade 表中每个学生的总成绩汇总为一个数据表,导入到数据库 s1,且命名为 total,包含列名为学号、总成绩。

3. 在 Excel 中建立一个工作表 grd,保存为工作簿文件 stu.xlsx,其中包含以下数据项:

学号	课程编号	分数
0005	0001	95
0005	0002	84
0005	0003	75
0006	0001	68
0006	0003	92
0006	0005	79

将数据文件 stu.xlsx 中的数据导入到数据库 s1 的 grade 表的末尾,查看 grade 表是否增加了这 6 条记录。

4. 使用 Windows 的"记事本"建立一个文本文件 grd1.txt,其中包含以下数据项:

学号	课程编号	分数
0007	0001	89
0007	0004	78
0008	0002	67
0008	0004	85

文本格式为 ANSI。

将文件 grd1.txt 的数据导入到 s1 数据库的 grade 表的末尾,完成后查看 grade 表是否增加了这 4 条数据记录。

注意:导入时,源文件的格式为 ANSI,分隔符为{,},第一行文字不需要时,选择跳过 1 行。

5. 将 studentsdb 数据库的 student_info 表的数据导出为 Excel 2010 文件 stu_i1.xlsx,并在 Excel 中打开该文件,查看与 student_info 表的数据是否一致。

6. 将 studentsdb 数据库的 student_info 表的数据列——学号、姓名、性别导出为文本文件 stu_i2.txt,以分号";"分隔,并在记事本中打开该文件,查看与 student_info 表中的数据是否一致。

7. 将 studentsdb 数据库从服务器中分离出来,再将其附加到服务器上来。

三、实验思考

1. 将 studentsdb 数据库中的 student_info 表导出为 Access 2010 的数据文件,并在 Access 中查看内容。

2. 可以将非关系型数据库中的数据导入到 SQL Server 2012 中吗?

3. 数据库的导入和导出的作用是什么? 它是否具有备份和还原的作用?

4. 数据库从服务器中分离后,如果想再将其附加到服务器上,其主数据文件存放在何处?

5. 分离数据库时应注意些什么?

实验12 SQL Server 2012与Visual Basic.NET的应用

一、实验目的

1. 掌握 Visual Basic. NET(简称 VB. NET)的基本操作,如创建项目、窗体、添加控件,引用命名空间等操作。

2. 掌握 ADO. NET 组件结构,包括. NET 数据提供程序(Data Provider)的对象和数据集(Dataset)的对象的使用方法。

3. 掌握 ADO. NET 数据对象连接 SQL Server 数据库的方法。

4. 掌握 VB. NET 控件与 ADO. NET 数据源的绑定方法。

二、实验内容及步骤

1. 创建一个简单的 Windows 应用程序项目。

(1) 在 Windows 桌面选择"开始"→"所有程序"→Visual Studio 2013 命令,启动 Visual Studio 2013 后,在其菜单项中选择"文件"→"新建"→"项目"命令,打开"新建项目"对话框,如图 1-12 所示。选择已安装模板 Visual Basic,默认选择"Windows 窗体应用程序",在"名称"文本框中输入 student,在"位置"文本框中输入 D:\student\,解决方案名称默认和项目名称相同,即为 student,单击"确定"按钮。

(2) 选择"项目"→"student 属性"命令,打开"项目属性"对话框,在"应用程序"选项页,可以修改启动窗体等设置,如图 1-13 所示。

(3) 在解决方案资源管理器中,选择窗体 Form1. vb,将 Form1. vb 的名称修改为 frmCourse. vb,此时窗体的名称属性也相应修改为 frmCourse。

(4) 在窗体 frmCourse 的属性窗口中,修改 Text 属性为"课程录入"。

(5) 在窗体 frmCourse 中添加标签和文本框。选择 VB 2013 窗口左侧工具箱"公共控件"中的 **A** 图标,在 frmCourse 窗体添加标签控件 Label1,修改 Text 属性值为"姓名"。选择工具箱中的 **abl** 图标,添加文本框控件 TextBox1,如图 1-14 所示。

图 1-12　"新建项目"对话框

图 1-13　"项目属性"对话框

（6）在窗体 frmCourse 中添加如图 1-14 所示的按钮控件。从左侧的工具箱中添加命令按钮到 frmCourse 中，修改 Text 属性为"确认"，按钮名称属性为 cmdOK。同样，再添加两个按钮，分别将按钮名称修改为 cmdCancel 和 cmdExit，Text 属性修改为"取消"和"退出"。

图 1-14　frmCourse 窗体布局

（7）双击 cmdOK 按钮，打开代码窗口，在 cmdOK_click()事件中输入以下代码。

```
Private Sub cmdOK_Click(sender As Object, e As EventArgs) Handles cmdOK.Click
    MsgBox("已将数据存入数据库")
End Sub
```

同样，分别在 cmdCancel、cmdExit 按钮的 Click()事件中输入以下代码。

```
Private Sub cmdCancel_Click(sender As Object, e As EventArgs) Handles cmdCancel.Click
    MsgBox("取消刚才的操作", , "信息")
End Sub
Private Sub cmdExit_Click(sender As Object, e As EventArgs) Handles cmdExit.Click
    MsgBox("退出窗口")
Me.Close()
End Sub
```

选择"调试"→"启动调试"命令，运行显示窗体 frmCourse，比较 3 个按钮单击时显示的信息窗口的差别。

2. VB 2013 中数据的简单绑定和复杂绑定。

（1）可视化操作添加数据源。选择"项目"→"添加新数据源"命令或者在"数据源"窗口中单击"添加新数据源"按钮，弹出"数据源配置向导"对话框选择数据源类型页面，如图 1-15 所示。

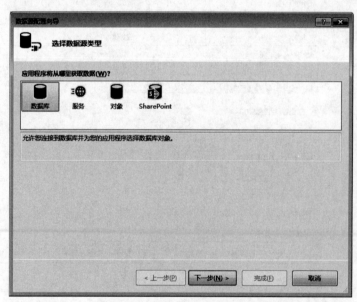

图 1-15　"数据源配置向导"对话框选择数据源类型页面

（2）在选择数据源类型页面选择"数据库"图标，单击"下一步"按钮，打开"数据源配置向导"对话框选择数据库模型页面，如图 1-16 所示。

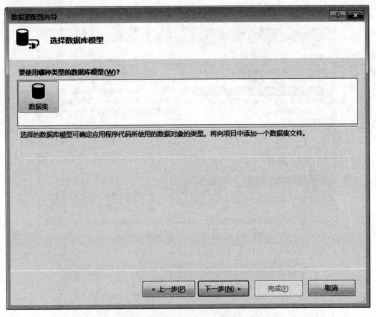

图 1-16　"数据源配置向导"对话框选择数据库模型页面

（3）在"数据源配置向导"对话框选择数据库模型页面选择"数据集"，单击"下一步"按钮，打开"数据源配置向导"选择数据连接页面，如图 1-17 所示。

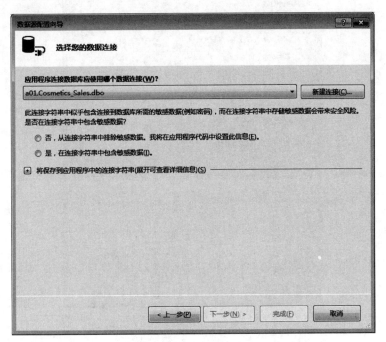

图 1-17　"数据源配置向导"对话框选择数据连接页面

(4) 在选择数据连接页面中,单击"新建连接"按钮,弹出"更改数据源"对话框,选择 Microsoft SQL Server 选项,如图 1-18 所示。单击"确定"按钮,弹出"添加连接"对话框,如图 1-19 所示。

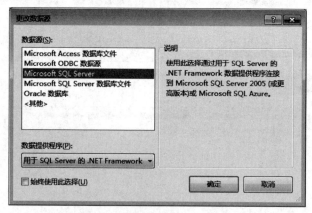

图 1-18 "更改数据源"对话框

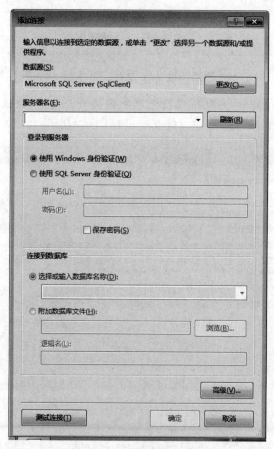

图 1-19 添加连接对话框

(5) 在"添加连接"对话框中输入服务器名 CSUSQL(本地服务器名称(local))或服务器的 IP,在"登录到服务器"中选择"使用 Windows 身份验证"单选按钮,在"选择或输入数据名称"中选择 studentsdb 数据库。单击"测试连接"按钮可在不关闭对话框的情况下检查连接是否正确。在"添加连接"对话框单击"确定"按钮返回到"数据源配置向导"对话框。

(6) 在"数据源配置向导"对话框中单击"下一步"按钮,弹出"将连接字符串保存到应用程序配置文件中"对话框,默认为保存,再单击"下一步"按钮,弹出"数据源配置向导"对话框,选择数据库对象,如图 1-20 所示。

图 1-20　在"数据源配置向导"对话框中选择数据库对象

(7) 在选择数据库对象页面中,展开对象树,然后选择要在应用程序中使用的数据库对象,这里,选择 student_info 表,单击"完成"按钮,刚创建的数据集将出现在"数据源"窗口中,从"数据"菜单中选择"显示数据源"子菜单,可打开"数据源"窗口。这样,创建数据库连接就完成了。

(8) 创建简单数据绑定。为了显示 studentsdb 数据库中表 student_info 的单列"姓名",具体操作步骤如下。

① 在项目中添加一个窗体 frmSimpleBinding 并打开,在"数据源"窗口中选择 student_info,单击下拉箭头,然后选择"详细信息"选项。展开 student_info 结点,在"姓名"结点上单击下拉箭头,将"姓名"列的拖放类型更改为 Label。

② 将需要显示的列从"数据源"窗口拖动到窗体,这里把"姓名"列从"数据源"窗口拖动到窗体,有描述性标签的数据绑定控件会出现在窗体上,同时还显示一个工具条,用于在记录间进行导航。窗体如图 1-21 所示。

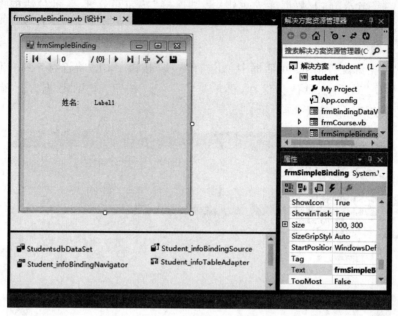

图 1-21　窗体设计效果

③ 按 F5 键运行整个程序,运行的结果如图 1-22 所示,可以通过工具条来控制显示相应的记录。

(9)创建复杂数据绑定。在 DataGridView 控件中显示 student_info 表的所有记录,具体操作步骤如下。

① 在项目中添加一个窗体,命名为 frmBindingData-View,并打开。在"数据源"窗口中选择表 student_info,单击下拉箭头,然后选择 DataGridview。将表 student_info 从"数据源"窗口拖动到窗体,用于导航记录的 DataGridView 控件和工具条出现在窗体上,如图 1-23 所示。

图 1-22　创建简单绑定控件的结果

② 在项目属性中将项目启动窗体设置为 frmBindingDataView 窗体,按 F5 键运行程序,运行结果如图 1-24 所示。

③ 在运行结果界面中,新增一条记录,并保存,然后打开 SQL Server 数据库,查看表 student_info 中的数据,查看新增的记录是否成功。

3. 利用 ADO. NET 数据对象访问 SQL Server 2012 数据库。在"项目"→"student 属性"的"引用"项中,导入命名空间 System. Data. SqlClient。

ADO. NET 的 Connection 和 Command 对象可以直接访问数据库,并对其进行操作,步骤如下。

(1)创建连接对象 conn,使用以下代码定义在窗体 frmCourse 的声明部分。

```
Dim conn As New SqlConnection
```

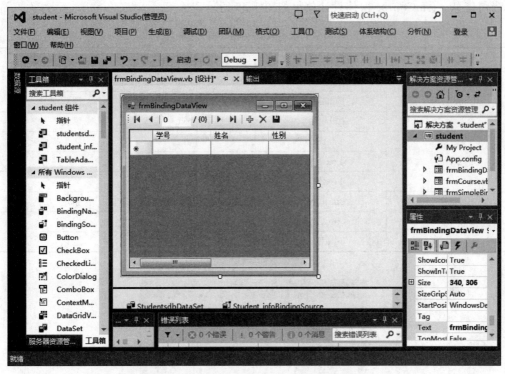

图 1-23　frmBindingDataView 窗体设计效果

图 1-24　运行结果

（2）窗体 frmCourse 载入时，打开 SqlConnection 对象，使用连接字符串连接数据库。

```
Private Sub frmCourse_Load( sender As Object, e As EventArgs) Handles Me.Load
    Dim conn As New SqlConnection("server = CSUSQL;database = studentsdb;integrated security =
true;")
    conn.Open()
End Sub
```

提示：连接字符串中包括数据源、连接的数据库、用户名和密码 4 个部分。

（3）在项目 student 的窗体 frmCourse 上，添加如表 1-2 所示的控件，修改 cmdOK 按钮的 Text 属性为"新增"，保存录入信息到 curriculum 表。cmdCancel 按钮清除窗体文本框中的当前信息。frmCourse 窗体设计效果如图 1-25 所示。

表 1-2　窗体 frmCourse 控件及属性

控　件	控件名称	控件属性	属　性　值
Label	Label1	Text	课程编号
	Label2	Text	课程名称
	Label3	Text	学分
TextBox	TextBox1	Text	
	TextBox2	Text	
	TextBox3	Text	
Button	cmdOK	Text	新增
	cmdCancel	Text	取消
	cmdExit	Text	退出

图 1-25　frmCourse 窗体设计效果

“新增”按钮 cmdOK 的代码为：

```
Private Sub cmdOK_Click( sender As Object, e As EventArgs) Handles cmdOK.Click
        'Dim cmd As New SqlCommand()    '定义 Command 对象
        Dim strSQL As String        '定义 SQL 字符串变量
        '以下检查文本框中输入的信息
        If TextBox1.Text = "" Or Len(TextBox1.Text) <> 4 Then
            MsgBox("请正确输入四位课程编号!")
            Exit Sub
        End If
        If TextBox2.Text = "" Then
            MsgBox("请输入课程名称!")
            Exit Sub
        End If
        If TextBox3.Text = "" Or Not IsNumeric(TextBox3.Text) Then
            MsgBox("请正确输入学分!")
            Exit Sub
        End If
        '以下语句查找 curriculum 表中是否已有输入的"课程编号",若有,则应重新输入
        strSQL = "SELECT count( * ) FROM curriculum WHERE 课程编号 = '" & TextBox1.Text & "'"
```

```
        Dim conn As New SqlConnection ( " server = CSUSQL; database = studentsdb; integrated
security = true;")
        Dim cmd As New SqlCommand() '定义 Command 对象
        cmd.Connection = conn
        conn.Open()
        cmd.CommandText = strSQL
        Dim recordcount = CInt(cmd.ExecuteScalar()) '执行 cmd 对象并返回查询记录数
        If recordcount > 0 Then
            MsgBox("课程已录入,请重新输入!")
            cmd.Dispose()
            Exit Sub
        End If
        '以下语句将窗体输入的信息插入 curriculum 表中
        strSQL = "INSERT INTO curriculum(课程编号,课程名称,学分) VALUES('" & TextBox1.Text
& "','" & TextBox2.Text & "'," & TextBox3.Text & ")"
        cmd.Connection = conn
        cmd.CommandText = strSQL
        cmd.ExecuteNonQuery() '返回更新数据记录条数
        cmd.Dispose()
        MsgBox("新增成功")
    End Sub
```

当窗体输入的信息不正确时,要删除重新输入,则使用 cmdCancel 按钮实现此功能,其代码为:

```
Private Sub cmdCancel_Click( sender As Object, e As EventArgs) Handles cmdCancel.Click
        TextBox1.Text = ""
        TextBox2.Text = ""
        TextBox3.Text = ""
        MsgBox("取消输入的操作", , "信息")
    End Sub
```

在窗体退出时,应关闭数据连接 conn,其代码为:

```
Private Sub cmdExit_Click( sender As Object, e As EventArgs) Handles cmdExit.Click
        If conn.State <> ConnectionState.Closed Then
            conn.Close()
        End If
        End
    End Sub
```

将 student 项目属性的"启动对象"设置为 frmCourse,以便直接运行 frmCourse 窗体。

运行时,分别输入课程编号为 0001 和 0009 的记录,查看是否能插入 curriculum 表中。

4. 参考上面的方法,建立 student_info 和 grade 表的录入记录窗体。

5. 使用 ADO. NET 数据对象实现数据绑定与查询。以下代码实现对学生信息表 student_info 数据的查询。

(1)在项目 student 中添加窗体 studentInfoQuery,在窗体中添加如表 1-3 所示的控件。

表 1-3   学生信息数据查询窗体中各个控件及属性设置

控　件	属　性	属　性　值	说　明
studentInfoQuery（Form）	Name	studentInfoQuery	数据查询窗体
	Text	学生信息查询	
DataGridView1	Name	DataGridView1	数据网格控件
	ReadOnly	True	只读
Label1	Text	姓名	
TextBox1	Name	TextBox1	检索词输入框
cmdQuery	Text	查询	"查询"按钮
cmdExit	Text	退出	"退出"按钮

窗体的布局如图 1-26 所示,将 student 项目属性的"启动对象"设置为 studentInfoQuery,以便直接运行 studentInfoQuery 窗体。

图 1-26   窗体 studentInfoQuery 的控件布局

（2）在窗体 studentInfoQuery 中声明部分声明如下变量。

```
Dim adpt As SqlDataAdapter      '定义数据适配器对象
Dim rst As New DataSet()        '建立数据集对象
Dim strSQL As String           '定义查询字符串变量
Dim connstring As String        '定义连接字符串变量
```

（3）在窗体 studentInfoQuery 载入时,给连接字符串变量 connstring 赋值,将数据绑定到网格控件数据。当启动窗体时,数据网格控件中显示了学生信息表的所有记录。

```
Private Sub studentInfoQuery_Load(sender As Object, e As EventArgs) Handles Me.Load
      connstring = "server = CSUSQL;database = studentsdb;integrated security = true; "
      strSQL = "SELECT * FROM student_info"
      adpt = New SqlDataAdapter(strSQL, connstring)    '建立适配器对象,查询数据
      adpt.Fill(rst) '取得数据表
      DataGridView1.DataSource = rst.Tables.Item(0)    '在数据绑定在 DataGridView 控件中,
显示查询结果
End Sub
```

（4）单击"查询"按钮 cmdQuery 的代码为:

```
Private Sub cmdQuery_Click_1(sender As Object, e As EventArgs) Handles cmdQuery.Click
```

```
    If TextBox1.Text = "" Then
        MsgBox("请输入姓名!", , "信息")
        Exit Sub
    End If
    rst.Clear() '清除数据集中的数据
    strSQL = "SELECT * FROM student_info WHERE 姓名 LIKE '%" & TextBox1.Text & "%'" '构建查
询语句
    adpt = New SqlDataAdapter(strSQL, connstring) '建立适配器对象,查询数据
    adpt.Fill(rst) '取得数据表
    DataGridView1.DataSource = rst.Tables.Item(0) '在数据绑定在DataGridView控件中,显示查
询结果
End Sub
```

(5)单击"退出"按钮的代码为:

```
Private Sub cmdExit_Click_1(sender As Object, e As EventArgs) Handles cmdExit.Click
        Me.Close()
End Sub
```

运行 studentInfoQuery 窗体,显示如图 1-27 所示的"学生信息查询"界面。在该界面中输入学生姓名进行查询操作。

图 1-27 "学生信息查询"界面

三、实验思考

1. 如何创建一个 VB 2013 应用程序项目?

2. 简述使用 ADO.NET 开发 SQL Server 数据库应用程序的一般步骤。

3. 简述利用 ADO.NET 组件实现数据访问。

4. 参考实验内容 5,实现输入学生学号,查询该学生的成绩信息。

5. 使用实验内容介绍的数据连接方法,建立查询和修改 student_info 信息表中数据的窗体,要求既可以浏览和查询记录,又可以保存对记录数据的修改。

第二部分

习 题 选 解

  习题选解部分按照课程内容体系，编写了大量的习题并给出了参考答案。在使用这些题解时，应重点理解和掌握与题目相关的知识点，而不要死记答案；应在阅读教材的基础上做题，通过做题达到强化、巩固和提高的目的。

第1章　数据库系统概论

1.1　选择题

1. 数据库(DB)、数据库系统(DBS)、数据库管理系统(DBMS)三者之间的关系是（　　）。
   A. DBS 包括 DB 和 DBMS
   B. DBMS 包括 DB 和 DBS
   C. DB 包括 DBS 和 DBMS
   D. DBS 就是 DB,也就是 DBMS

2. 下列说法中,不正确的是（　　）。
   A. 数据库减少了数据冗余
   B. 数据库中的数据可以共享
   C. 数据库避免了一切数据的重复
   D. 数据库具有较高的数据独立性

3. 在数据库系统的三级模式结构中,用来描述数据的全局逻辑结构的是（　　）。
   A. 子模式
   B. 用户模式
   C. 模式
   D. 存储模式

4. 下列选项中,不属于数据库特点的是（　　）。
   A. 数据共享
   B. 数据完整性
   C. 数据冗余很高
   D. 数据独立性强

5. 要保证数据库逻辑数据独立性,需要修改的是（　　）。
   A. 模式
   B. 模式与内模式的映射
   C. 模式与外模式的映射
   D. 内模式

6. 数据库系统不仅包括数据库本身,还要包括相应的硬件、软件和（　　）。
   A. 数据库管理系统
   B. 数据库应用系统
   C. 相关的计算机系统
   D. 各类相关人员

7. 在关系数据库中,视图是三级模式结构中的（　　）。
   A. 内模式
   B. 模式
   C. 存储模式
   D. 外模式

8. 在数据库的三级模式结构中,内模式有（　　）。
   A. 1个
   B. 2个
   C. 3个
   D. 任意多个

9. 在数据库中可以创建和删除表、视图、索引,也可以修改表,这是因为数据库管理系统提供了（　　）。
   A. 数据定义功能
   B. 数据查询功能

C. 数据操作功能　　　　　　　　　　　　D. 数据控制功能

10. (　　)是位于用户和操作系统之间的一层数据管理软件。数据库在建立、使用和维护时由其统一管理、统一控制。

　　A. DBMS　　　　　　B. DB　　　　　　C. DBS　　　　　　D. DBA

11. 数据库系统与文件系统的最主要区别是(　　)。

　　A. 数据库系统复杂,而文件系统简单

　　B. 文件系统不能解决数据冗余和数据独立性问题,而数据库系统可以解决

　　C. 文件系统只能管理程序文件,而数据库系统能够管理各种类型的文件

　　D. 文件系统管理的数据量较少,而数据库系统可以管理庞大的数据量

12. DBS是采用了数据库技术的计算机系统,DBS是一个集合体,包含数据库、计算机硬件、软件和(　　)。

　　A. 系统分析员　　　　B. 程序员　　　　C. 数据库管理员　　D. 操作员

13. 数据库系统的数据独立性体现在(　　)。

　　A. 不会因为数据的变化而影响应用程序

　　B. 不会因为系统数据存储结构与数据逻辑结构的变化而影响应用程序

　　C. 不会因为存储策略的变化而影响存储结构

　　D. 不会因为某些存储结构的变化而影响其他存储结构

14. 描述数据库全体数据的全局逻辑结构和特性的是(　　)。

　　A. 模式　　　　　　B. 内模式　　　　C. 外模式　　　　　D. 用户模式

15. 要保证数据库的数据独立性,需要修改的是(　　)。

　　A. 模式与外模式　　　　　　　　　　　　B. 模式与内模式

　　C. 三层之间的两种映射　　　　　　　　D. 三层模式

16. 用户或应用程序看到的那部分局部逻辑结构和特征的描述是(　　),它是模式的逻辑子集。

　　A. 模式　　　　　　B. 物理模式　　　　C. 子模式　　　　　D. 内模式

17. 下述(　　)不是DBA数据库管理员的职责。

　　A. 完整性约束说明　　　　　　　　　　B. 定义数据库模式

　　C. 数据库安全　　　　　　　　　　　　D. 数据库管理系统设计

18. E-R图用于描述数据库的(　　)。

　　A. 概念模型　　　　B. 数据模型　　　　C. 存储模式　　　　D. 外模式

19. 对于现实世界中事物的特征,在实体-联系模型中使用(　　)。

　　A. 属性描述　　　　　　　　　　　　　　B. 关键字描述

　　C. 二维表格描述　　　　　　　　　　　D. 实体描述

20. 概念模型是现实世界的第一层抽象,这一类模型最常用的是(　　)。

　　A. 层次模型　　　　　　　　　　　　　　B. 关系模型

　　C. 网状模型　　　　　　　　　　　　　　D. 实体-联系模型

21. 在(　　)中一个结点可以有多个双亲,结点之间可以有多种联系。

　　A. 网状模型　　　　　　　　　　　　　　B. 关系模型

　　C. 层次模型　　　　　　　　　　　　　　D. 实体-联系模型

1.2 填空题

1. 数据库系统包括硬件系统、软件系统、_____和数据库管理员。

2. 数据模型分为_____、_____和_____。

3. 数据库系统(DBS)是一个由_____、_____以及_____组成的多级系统结构。

4. 数据管理技术经历了_____阶段、_____阶段和_____阶段。

5. 从数据处理的角度看,现实世界中的客观事物称为_____,它是现实世界中任何可区分、可识别的事物。

6. 数据库管理系统提供了 4 个方面的数据控制功能:_____、数据操纵、_____和_____。

7. 数据库操纵技术就是指插入、_____、检索和_____表中数据的技术。

8. 一种数据模型的特点是:有且仅有一个根结点,根结点没有父结点;其他结点有且仅有一个父结点。则这种数据模型是_____。

1.3 判断题

1. 数据是信息的符号表示形式,两者相互联系,没有任何区别。

2. 在数据处理过程中对已知数据进行加工,获得新的数据,这些新的数据又为人们提供了新的信息,作为管理决策的依据。

3. 数据独立性指数据的存储与应用程序无关,数据存储结构的改变不影响应用程序的正常运行。

4. 数据库管理系统的核心是数据库。

5. 用二维表格来表示实体之间联系的模型称为层次模型。

6. 数据仓库对底层数据库中的事务级数据进行集成、转换、综合,重新组织成面向全局的数据视图,为 DSS 提供数据存储和组织的基础。

7. 面向对象数据库系统是将面向对象的模型、方法和机制,与先进的数据库技术有机地结合而形成的新型数据库系统。

8. 分布式数据库中的数据集中在计算机网络的一个结点上。

1.4 问答题

1. 试述数据、数据库、数据库系统、数据库管理系统的概念。

2. 使用数据库系统有什么好处?

3. 试述文件系统与数据库系统的区别和联系。

4. 分别举出适合用文件系统和适合用数据库系统的应用例子。

5. 试述数据库系统的特点。

6. 数据库管理系统的主要功能有哪些?

7. 试述数据模型的概念、数据模型的作用和数据模型的 3 个要素。

8. 试述概念模型的作用。

9. 解释术语:实体,实体型,实体集,属性,实体-联系图(E-R 图)。

10. 什么是数据库的概念模型? 试述其特点。

参 考 答 案

1.1　选择题

1. A	2. C	3. C	4. C	5. C	6. D
7. D	8. A	9. A	10. A	11. B	12. C
13. B	14. A	15. C	16. C	17. D	18. A
19. A	20. D	21. A			

1.2　填空题

1. 数据库

2. 层次模型　网状模型　关系模型

3. 内模式　模式　外模式

4. 人工管理　文件管理　数据库管理

5. 实体

6. 数据定义　数据查询　数据控制

7. 删除　更新

8. 层次模型

1.3　判断题

1. 错误　2. 正确　3. 正确　4. 正确　5. 错误　6. 正确

7. 正确　8. 错误

1.4　问答题

1.

数据：描述事物的符号记录称为数据。数据的种类有文字、图形、图像、声音等。数据与其语义是不可分的。

数据库：长期储存在计算机内有组织的、可共享的数据集合。数据库中的数据按一定的数据模型组织、描述和存储，具有较小的冗余度、较高的数据独立性和易扩展性，并可为各种用户共享。

数据库系统：在计算机系统中引入数据库后的系统构成。数据库系统由数据库、数据库管理系统（及其开发工具）、应用系统、数据库管理员构成。

数据库管理系统：位于用户与操作系统之间的一层数据管理软件，用于科学地组织和存储数据、高效地获取和维护数据。数据库管理系统主要功能包括数据定义功能、数据操纵功能、数据库的运行管理功能、数据库的建立和维护功能。

2.

使用数据库系统的好处是由数据库管理系统的特点或优点决定的。它大大提高应用开发的效率，方便用户的使用，减轻数据库系统管理人员维护的负担等。

（1）使用数据库系统可以大大提高应用开发的效率。因为在数据库系统中应用程序不必考虑数据的定义、存储和数据存取的具体路径，这些工作都由数据库管理系统来完成，开发人员可以专注于应用逻辑的设计。

（2）当应用逻辑改变、数据的逻辑结构需要改变时，由于数据库系统提供了数据与程序之间的独立性，使得数据逻辑结构的改变是 DBA 的责任，开发人员不必修改或者只需要修改很少的应用程序，从而既简化了应用程序的编制，又大大减少了应用程序的维护和修改。

（3）使用数据库系统可以减轻数据库系统管理人员维护系统的负担。因为数据库管理系统在数据库建立、运用和维护时对数据库进行统一的管理和控制，包括数据的完整性、安全性，多用户并发控制，故障恢复等都由数据库管理系统执行。

3.

文件系统与数据库系统的区别如下：

文件系统面向某一应用程序，数据共享性差、冗余度大、独立性差，纪录内有结构、整体无结构，数据由应用程序自行控制。

数据库系统面向现实世界，数据共享性高、冗余度小，具有高度的物理独立性和一定的逻辑独立性，整体结构化，用数据模型描述，由数据库管理系统提供数据安全性、完整性、并发控制和恢复能力。

文件系统与数据库系统的联系：文件系统与数据库系统都是计算机系统中管理数据的软件。

4.

适用于文件系统而不是数据库系统的应用例子：数据的备份、软件或应用程序使用过程中的临时数据存储一般使用文件比较合适，功能比较简单、比较固定的应用系统也适合用文件系统。

适用于数据库系统而非文件系统的应用例子：几乎所有企业或部门的信息系统都适于数据库系统。如工厂的管理信息系统、学校的学生管理系统、人事管理系统、图书馆的图书管理系统等都适合用数据库系统。

5.

数据库系统的主要特点有：

（1）数据结构化。

数据库系统实现整体数据的结构化，这是数据库的主要特征之一，也是数据库系统与文件系统的本质区别。

（2）数据的共享性高，冗余度低，易扩充。

数据库的数据不再面向某个应用而是面向整个系统，因此可以被多个用户、多个应用、用多种不同的语言共享使用。由于数据面向整个系统，是有结构的数据，不仅可以被多个应用共享使用，而且容易增加新的应用，这就使得数据库系统弹性大，易于扩充。

（3）数据独立性高。

数据独立性包括数据的物理独立性和数据的逻辑独立性。数据库管理系统的模式结构和二级映像功能保证了数据库中的数据具有很高的物理独立性和逻辑独立性。

（4）数据由数据库管理系统统一管理和控制。

数据库的共享是并发的共享，即多个用户可以同时存取数据库中的数据，甚至可以同时存取数据库中同一个数据。为此，数据库管理系统必须提供统一的数据控制功能，包括数据的安全性保护、完整性检查、并发控制和数据库恢复。

6.

数据库管理系统的主要功能有数据库定义、数据存取、数据库运行管理、数据库的建立和维护。

7.

数据模型是数据库中用来对现实世界进行抽象的工具，是数据库中用于提供信息表示和操作手段的形式构架。

一般地，数据模型是严格定义的概念的集合。这些概念精确地描述系统的静态特性、动态特性和完整性约束条件。

数据模型通常由数据结构、数据操作和完整性约束3部分组成。

(1) 数据结构：所研究的对象类型的集合，是对系统的静态特性的描述。

(2) 数据操作：对数据库中各种对象(型)的实例(值)允许进行的操作的集合，包括操作及有关的操作规则，是对系统动态特性的描述。

(3) 完整性约束：完整性规则的集合。完整性规则是给定的数据模型中数据及其联系所具有的制约和依存规则，用以限定符合数据模型的数据库状态以及状态的变化，以保证数据的正确、有效、相容。

8.

概念模型是现实世界到机器世界的一个中间层次。概念模型用于信息世界的建模，是现实世界到信息世界的第一层抽象，是数据库设计人员进行数据库设计的有力工具，也是数据库设计人员和用户之间进行交流的语言。

9.

实体：客观存在并可以相互区分的事物。

实体型：具有相同属性的实体具有相同的特征和性质，用实体名及其属性名集合来抽象和刻画同类实体。

实体集：同型实体的集合。

属性：实体所具有的某一特性，一个实体可由若干个属性来刻画。

实体-联系图：也称 E-R 图，提供了表示实体型、属性和联系的方法。其中实体型用矩形表示，矩形框内写明实体名；属性用椭圆形表示，并用无向边将其与相应的实体连接起来；联系用菱形表示，菱形框内写明联系名，并用无向边分别与有关实体连接起来，同时在无向边旁标上联系的类型($1:1$、$1:n$ 或 $m:n$)。

10.

概念模型是信息世界的结构，其主要特点是：

(1) 能真实、充分地反映现实世界，包括事物和事物之间的联系；能满足用户对数据的处理要求；是对现实世界的一个真实模型。

(2) 易于理解，从而可以用它和不熟悉计算机的用户交换意见。用户的积极参与是数据库的设计成功的关键。

(3) 易于更改。当应用环境和应用要求改变时，容易对概念模型修改和扩充。

(4) 易于向关系、网状、层次等各种数据模型转换。

第2章 关系数据库基本原理

2.1 选择题

1. 关系数据表的关键字可由( )字段组成。
   A. 一个　　　　　　　B. 两个　　　　　　　C. 多个　　　　　　D. 一个或多个

2. 下列关于关系数据库叙述错误的是( )。
   A. 关系数据库的结构一般保持不变,但也可根据需要进行修改
   B. 一个数据表组成一个关系数据库,多种不同的数据则需要创建多个数据库
   C. 关系数据表中的所有记录的关键字字段的值互不相同
   D. 关系数据表中的外部关键字不能用于区别该表中的记录

3. 参照完整性规则:表的( )必须是另一个表主键的有效值,或者是空值。
   A. 候选键　　　　　　B. 外键　　　　　　　C. 主键　　　　　　D. 主属性

4. 关系数据库规范化是为了解决关系数据库中( )的问题而引入的。
   A. 插入、删除和数据冗余　　　　　　　B. 提高查询速度
   C. 减少数据操作的复杂性　　　　　　　D. 保证数据的安全性和完整性

5. 关系数据库是若干( )的集合。
   A. 表(关系)　　　　　B. 视图　　　　　　　C. 列　　　　　　　D. 行

6. 在关系模式中,实现"关系中不允许出现相同的元组"的约束是( )约束。
   A. 候选键　　　　　　B. 主键　　　　　　　C. 键　　　　　　　D. 超键

7. 约束"年龄限制在18～30岁"属于数据库管理系统的( )功能。
   A. 安全性　　　　　　B. 完整性　　　　　　C. 并发控制　　　　D. 恢复

8. 反映现实世界中实体及实体间联系的概念模型是( )。
   A. 关系模型　　　　　B. 层次模型　　　　　C. 网状模型　　　　D. E-R 模型

9. 关系数据模型的3个组成部分中,不包括( )。
   A. 完整性规则　　　　B. 数据结构　　　　　C. 数据操作　　　　D. 并发控制

10. 如何构造出一个合适的数据逻辑结构是( )主要解决的问题。
    A. 关系数据库优化　　　　　　　　　　　B. 数据字典
    C. 关系数据库规范化理论　　　　　　　　D. 关系数据库查询

11. 学生社团可以接纳多名学生参加,但每个学生只能参加一个社团,从社团到学生之间的联系类型是(　　)。

    A. 多对多　　　　　　　B. 一对一　　　　　　C. 多对一　　　　　　D. 一对多

12. 数据库中的冗余数据是指(　　)的数据。

    A. 容易产生错误　　　　　　　　　　　　B. 容易产生冲突

    C. 无关紧要　　　　　　　　　　　　　　D. 由基本数据导出

13. 关系模式的任何属性(　　)。

    A. 不可再分　　　　　　　　　　　　　　B. 可以再分

    C. 命名在关系模式上可以不唯一　　　　D. 以上都不是

14. 一个 $m:n$ 联系转换为一个关系模式。关系的关键字为(　　)。

    A. 某个实体的关键字　　　　　　　　　B. 各实体关键字的组合

    C. n端实体的关键字　　　　　　　　　　D. 任意一个实体的关键字

15. 候选关键字的属性可以有(　　)。

    A. 多个　　　　　　　　B. 0个　　　　　　　　C. 1个　　　　　　　　D. 1个或多个

16. 关系模型中有3类完整性约束:实体完整性、参照完整性和域完整性。定义外部关键字实现的是(　　)。

    A. 实体完整性　　　　　　　　　　　　　B. 域完整性

    C. 参照完整性　　　　　　　　　　　　　D. 实体完整性、参照完整性和域完整性

17. 设已知 F={C→A,CD→D,CG→B,CE→A,ACG→B},从中去掉(　　)函数依赖关系后得到的新的函数依赖集合 F1 与 F 是等价的。

    A. C→A 和 CG→B　　　　　　　　　　B. C→A 和 ACD→B

    C. CE→A 和 ACD→B　　　　　　　　　D. CE→A 和 CG→B

18. 关系 R 和关系 S 的并运算是(　　)。

    A. 由关系 R 和关系 S 的所有元组合并组成的集合,再删去重复的元组

    B. 由属于 R 而不属于 S 的所有元组组成的集合

    C. 由既属于 R 又属于 S 的元组组成的集合

    D. 由 R 和 S 的元组连接组成的集合

19. 在概念模型中,一个实体集对应于关系模型中的一个(　　)。

    A. 元组　　　　　　　　B. 字段　　　　　　　　C. 属性　　　　　　　　D. 关系

20. 在关系运算中,投影运算是(　　)。

    A. 在基本表中选择满足条件的记录组成一个新的关系

    B. 在基本表中选择字段组成一个新的关系

    C. 在基本表中选择满足条件的记录和属性组成一个新的关系

    D. 上述说法都是正确的

21. 关系模式的候选关键字可以有 1 个或多个,而主关键字有(　　)。

    A. 多个　　　　　　　　B. 0个　　　　　　　　C. 1个　　　　　　　　D. 1个或多个

22. 关于关系模式的关键字,以下说法正确的是(　　)。

    A. 一个关系模式可以有多个主关键字

    B. 一个关系模式可以有多个候选关键字

C. 主关键字可以取空值

D. 有一些关系模式没有关键字

23. 在关系模型中,为了实现"关系中不允许出现相同元组"的约束应使用(　　)。

　　A. 临时关键字 　　　　　　　　　　B. 主关键字

　　C. 外部关键字 　　　　　　　　　　D. 索引关键字

24. 规范化理论是关系数据库进行逻辑设计的理论依据。根据这个理论,关系数据库中的关系必须满足:每一个属性都是(　　)。

　　A. 长度不变的 　　　　　　　　　　B. 不可分解的

　　C. 互相关联的 　　　　　　　　　　D. 互不相关的

25. 把实体-联系模型转换为关系模型时,实体之间多对多联系在关系模型中是通过(　　)。

　　A. 建立新的属性来实现 　　　　　　B. 建立新的关键字来实现

　　C. 建立新的关系来实现 　　　　　　D. 建立新的实体来实现

26. 专门的关系运算不包括下列中的(　　)。

　　A. 连接运算 　　　B. 选择运算 　　　C. 投影运算 　　　D. 交运算

27. 对关系 S 和关系 R 进行集合运算,结果中既包含 S 中元组也包含 R 中元组,这种集合运算称为(　　)。

　　A. 并运算 　　　　B. 交运算 　　　　C. 差运算 　　　　D. 积运算

28. 设有部门和职员两个实体,每个职员只能属于一个部门,一个部门可以有多名职员,则部门与职员实体之间的联系类型是(　　)。

　　A. $m:n$ 　　　　B. $1:m$ 　　　　C. $m:k$ 　　　　D. $1:1$

29. 在下列选项中,不属于基本关系运算的是(　　)。

　　A. 连接 　　　　　B. 投影 　　　　　C. 选择 　　　　　D. 排序

30. 在关系数据库中,要求基本关系中所有的主属性上不能有空值,其遵守的约束规则是(　　)。

　　A. 数据依赖完整性规则 　　　　　　B. 用户定义完整性规则

　　C. 实体完整性规则 　　　　　　　　D. 域完整性规则

31. 下面的选项中,不是关系数据库基本特征的是(　　)。

　　A. 不同的列应有不同的数据类型 　　B. 不同的列应有不同的列名

　　C. 与行的次序无关 　　　　　　　　D. 与列的次序无关

32. 一个关系只有一个(　　)。

　　A. 候选关键字 　　B. 外关键字 　　C. 超关键字 　　D. 主关键字

33. 关系模型中,一个关键字(　　)。

　　A. 可以由多个任意属性组成

　　B. 至多由一个属性组成

　　C. 可由一个或者多个其值能够唯一表示该关系模式中任何元组的属性组成

　　D. 以上都不是

34. 现有如下关系:

患者(患者编号,患者姓名,性别,出生日期,所在单位)

医疗(<u>诊断书编号</u>,患者编号,患者姓名,医生编号,医生姓名,诊断日期,诊断结果)

其中,医疗关系中的外关键字是(　　　)。

  A. 患者编号　 B. 患者姓名

  C. 患者编号和患者姓名　 D. 医生编号和患者编号

35. 现有一个关系:

借阅(书号,书名,库存数,读者号,借期,还期)

假如同一本书允许一个读者多次借阅,但不能同日对一种书借多本,则该关系模式的关键字是(　　)。

  A. 书号　 B. 读者号

  C. 书号＋读者号　 D. 书号＋读者号＋借期

36. 关系模型中实现实体间 $m:n$ 联系是通过增加一个(　　　)。

  A. 关系实现　 B. 属性实现

  C. 关系或一个属性实现　 D. 关系和一个属性实现

37. 关系代数运算是以(　　)为基础的运算。

  A. 关系运算　 B. 谓词演算　 C. 集合运算　 D. 代数运算

38. 关系数据库管理系统能够实现的专门关系运算包括(　　　)。

  A. 排序、索引、统计　 B. 选择、投影、连接

  C. 关联、更新、排序　 D. 显示、打印、制表

39. 5 种基本关系代数运算是(　　)。

  A. ∪ ∩ − × Ⅱ　 B. ∪ − × σ Ⅱ

  C. ∪ ∩ × σ Ⅱ　 D. ∪ ∩ σ − π

40. 关系数据库中的投影操作是指从关系中(　　　)。

  A. 抽出特定记录　 B. 抽出特定字段

  C. 建立相应的影像　 D. 建立相应的图形

41. 从一个关系中取出满足某个条件的所有记录形成一个新的关系的操作是(　　)操作。

  A. 投影　 B. 连接　 C. 选择　 D. 复制

42. 关系代数中的连接操作是由(　　　)操作组合而成。

  A. 选择和投影　 B. 选择和笛卡儿积

  C. 投影、选择、笛卡儿积　 D. 投影和笛卡儿积

43. 自然连接是构成新关系的有效方法。一般情况下,当对关系 R 和 S 是用自然连接时,要求 R 和 S 含有一个或者多个共有的(　　　)。

  A. 记录　 B. 行　 C. 属性　 D. 元组

44. 假设有关系 R 和 S,在下列的关系运算中,(　　　)运算不要求"R 和 S 具有相同的元素,且它们的对应属性的数据类型也相同"。

  A. R∩S　 B. R∪S　 C. R−S　 D. R×S

45. 假设有关系 R 和 S,关系代数表达式 R−(R−S)表示的是(　　　)。

  A. R∩S　 B. R∪S　 C. R−S　 D. R×S

46. 已知关系模式 R(A,B,C,D,E)及其上的函数相关性集合 F＝{A→D,B→C,E→A},该关系模式的候选关键字是(　　　)。

  A. AB　 B. BE　 C. CD　 D. DE

47. 区分不同实体的依据是(　　)。

　　A. 名称　　　　　　　　B. 属性　　　　　　　　C. 对象　　　　　　　　D. 概念

48. 关系数据模型是目前最重要的一种数据模型,它的 3 个要素分别为(　　)。

　　A. 实体完整、参照完整、用户自定义完整　　　B. 数据结构、关系操作、完整性约束

　　C. 数据增加、数据修改、数据查询　　　　　　D. 外模式、模式、内模式

49. 设学生关系 S(SNO,SNAME,SSEX,SAGE,SDPART)的主关键字为 SNO,学生选课关系 SC(SNO,CNO,SCORE)的关键字为 SNO 和 CNO,则关系 R(SNO,CNO,SSEX,SAGE,SDPART,SCORE)的主关键字为 SNO 和 CNO,其满足(　　)。

　　A. 1NF　　　　　　　　B. 2NF　　　　　　　　C. 3NF　　　　　　　　D. BCNF

50. 关系模式中,满足 2NF 的模式(　　)。

　　A. 可能是 1NF　　　　　　　　　　　　　B. 必定是 1NF

　　C. 必定是 3NF　　　　　　　　　　　　　D. 必定是 BCNF

51. 关系模式 R 中的属性全是主属性,则 R 的最高范式必定是(　　)。

　　A. 1NF　　　　　　　　B. 2NF　　　　　　　　C. 3NF　　　　　　　　D. BCNF

52. 消除了部分函数依赖的 1NF 的关系模式,必定是(　　)。

　　A. 1NF　　　　　　　　B. 2NF　　　　　　　　C. 3NF　　　　　　　　D. BCNF

53. 如果 A→B,那么属性 A 和属性 B 的联系是(　　)。

　　A. 一对多　　　　　　　B. 多对一　　　　　　　C. 多对多　　　　　　　D. 以上都不是

54. 设有关系模式 W(C,P,S,G,T,R),其中各属性的含义是:C 表示课程,P 表示教师,S 表示学生,G 表示成绩,T 表示时间,R 表示教室。根据语义有如下数据依赖集:D= {C→P,(S,C)→G,(T,R)→C,(T,P)→R,(T,S)→R},若将关系模式 W 分解为 3 个关系模式 W1(C,P),W2(S,C,G),W2(S,T,R,C),则 W1 的规范化程序最高达到(　　)。

　　A. 1NF　　　　　　　　B. 2NF　　　　　　　　C. 3NF　　　　　　　　D. BCNF

55. 在关系数据库中,任何二元关系模式的最高范式必定是(　　)。

　　A. 1NF　　　　　　　　B. 2NF　　　　　　　　C. 3NF　　　　　　　　D. BCNF

56. 在关系规范式中,分解关系的基本原则是(　　)。

Ⅰ. 实现无损连接　　　Ⅱ. 分解后的关系相互独立　　　Ⅲ. 保持原有的依赖关系

　　A. Ⅰ和Ⅱ　　　　　　　B. Ⅰ和Ⅲ　　　　　　　C. Ⅰ　　　　　　　　　D. Ⅱ

57. 不能使一个关系从第一范式转化为第二范式的条件是(　　)。

　　A. 每一个非主属性都完全依赖主属性

　　B. 每一个非主属性都部分依赖主属性

　　C. 在一个关系中没有非主属性存在

　　D. 主键由一个属性构成

58. 任何一个满足 2NF 但不满足 3NF 的关系模式都不存在(　　)。

　　A. 主属性对关键字的部分依赖　　　　　　B. 非主属性对关键字的部分依赖

　　C. 主属性对关键字的传递依赖　　　　　　D. 非主属性对关键字的传递依赖

59. 设关系模式 R(A,B,C),F 是 R 上成立的 FD 集,F={B→C},则分解 P={AB,BC} 相对于 F(　　)。

　　A. 是无损连接,也是保持 FD 的分解

B. 是无损连接,不保持 FD 的分解

C. 不是无损连接,但保持 FD 的分解

D. 既不是无损连接,也不保持 FD 的分解

60. 关系的规范化中,各个范式之间的关系是(　　)。

A. 1NF∈2NF∈3NF　　　　　　　B. 3NF∈2NF∈1NF

C. 1NF=2NF=3NF　　　　　　　D. 1NF∈2NF∈BCNF∈3NF

61. 关系数据库的规范化理论指出:关系数据库中的关系应该满足一定的要求,最起码的要求是达到 1NF,即满足(　　)。

A. 每个非主键属性都完全依赖于主键属性

B. 主键属性唯一标识关系中的元组

C. 关系中的元组不可重复

D. 每个属性都是不可分解的

62. 根据关系数据库规范化理论,关系数据库中的关系要满足第一范式,部门(部门号,部门名,部门成员,部门总经理)关系中,因(　　)属性而使它不满足第一范式。

A. 部门总经理　　　B. 部门成员　　　C. 部门名　　　D. 部门号

2.2 填空题

1. 关系模式的完整性包括实体完整性、_____和_____。

2. 关系的实体完整性指数据表中的记录是_____。

3. 关系数据库中有 3 种基本操作,从表中取出满足条件的属性成分操作称为_____,从表中选出满足条件的元组操作称为_____,将两个关系中具有共同属性值的元组连接到一起构成新表的操作称为连接。

4. 属性的取值范围称作属性的_____。

5. 表是由行和列组成的,行有时也称为_____,列有时也称为_____或字段。

6. E-R 图用矩形框、椭圆型框和菱形框,分别表示现实世界中实体的名称、_____、_____和_____。

7. 关系数据库数据操作的处理单位是_____,层次和网状数据库数据操作的处理单位是记录。

8. 当数据的全局逻辑结构改变时,通过对映像的相应改变可以保持数据的局部逻辑结构不变。这称为数据的_____。

9. 在关系模式 R 中,若属性或属性组 X 不是关系 R 的关键字,但 X 是其他关系模式的关键字,则称 X 为关系 R 的_____。

10. 在关系数据模型中,两个关系 R1 与 R2 之间存在 1:m 的联系,可以通过在一个关系 R2 中的_____在相关联的另一个关系 R1 中检索相对应的记录。

11. 关系规范化理论是设计_____的指南和工具。

12. 关系中主关键字的取值必须唯一且非空,这条规则是_____完整性规则。

13. 关系模型中,"关系中不允许出现相同元组"的约束是通过_____实现的。

14. 数据库的完整性是指数据库中的数据必须始终保持正确、_____、_____。

2.3 判断题

1. 数据库表的关键字用于唯一标识一个记录,每个表必须具有一个主关键字,主关键字只能由一个字段组成。

2. 按照完整性规则,外部关键字应该与关联表中的字段值保持一致。

3. 关系数据库是用树结构来表示实体之间的联系的。

4. 数据库设计包括两个方面的设计内容,它们是内模式设计和物理设计。

5. 在 E-R 图中,用来表示实体的图形是菱形。

6. 在 E-R 图中,用来表示属性的图形是椭圆形。

7. 关系表中的每一行称作一个元组。

8. 任何一个满足 1NF 并且只有一个属性的关系都是属于 3NF 的。

9. 任何一个属性关系都是属于 BCNF 的。

10. 若 A→B,B→C,则 A→C。

11. 若 A→B,A→C,则 A→R(B,C)。

12. 若 B→A,C→A,则(B,C)→A。

13. 若(B,C)→A,则 B→A,C→A。

2.4 问答题

1. 试述关系模型的 3 个组成部分。

2. 解释下列术语,并说明它们之间的联系与区别。

(1) 域,关系,元组,属性。

(2) 关键字,候选关键字,外部关键字。

(3) 关系模型,关系数据库。

3. 试述关系模型的完整性规则。在参照完整性中,为什么外部关键字属性的值可以为空? 什么情况下才可以为空?

4. 给出以下术语的定义:函数依赖、部分函数依赖、完全函数依赖。

5. 建立一个关于系、学生、班级、学会等信息的关系数据库。

描述学生的属性有学号、姓名、出生年月、系名、班号、宿舍区;描述班级的属性有班号、专业名、系名、人数、入校年份;描述系的属性有系名、系号、系办公室地点、人数;描述学会的属性有学会名、成立年份、地点、人数。

有关语义如下:一个系有若干专业,每个专业每年只招一个班,每个班有若干学生。一个系的学生住在同一宿舍区。每个学生可参加若干学会,每个学会有若干学生。学生参加某学会有一个入会年份。

请给出关系模式,并写出每个关系模式的极小函数依赖集,指出是否存在传递函数依赖,对于函数依赖左部是多属性的情况,讨论函数依赖是完全函数依赖还是部分函数依赖。

指出各关系的候选关键字、外部关键字。

6. 试述数据库设计过程。

7. 试述数据库设计过程中结构设计部分形成的数据库模式。

8. 需求分析阶段的设计目标是什么? 调查的内容是什么?

9. 试述数据库概念结构设计的重要性和设计步骤。

10. 什么是 E-R 图？构成 E-R 图的基本要素是什么？

11. 什么是数据库的逻辑结构设计？试述其设计步骤。

2.5 应用题

1. 设有关系 r(R) 如下：

A	B	C	D
a_1	b_1	c_1	d_1
a_1	b_2	c_1	d_1
a_1	b_3	c_2	d_1
a_2	b_1	c_1	d_1
a_2	b_2	c_3	d_2

(1) 找出其中的所有候选关键字。

(2) 关系 r 最高是哪一级范式？

(3) 将其无损分解为若干个 3NF 的关系。

2. 现有某个应用，涉及以下两个实体集，相关的属性为：

R($A\sharp$, A_1, A_2, A_3)，其中 $A\sharp$ 为关键字；

S($B\sharp$, B_1, B_2)，其中 $B\sharp$ 为关键字。

从实体集 R 到 S 存在多对一的联系，联系属性是 D1。

(1) 设计相应的关系数据模型。

(2) 如果将该应用的数据库设计为一个关系模式 RS($A\sharp$, A_1, A_2, A_3, $B\sharp$, B_1, B_2, D_1)，指出该关系模式的关键字。

(3) 假设关系模式 RS 上的全部函数依赖为 $A_1 \to A_3$，指出关系模式 RS 最高满足第几范式？为什么？

(4) 如果将该应用的数据库设计为如下 3 个关系模式：

R_1($A\sharp$, A_1, A_2, A_3)

R_2($B\sharp$, B_1, B_2)

R_3($A\sharp$, $B\sharp$, D_1)

关系模式 R_2 是否一定满足第 3 范式？为什么？

3. 设有导师关系和研究生关系，按要求写出关系运算式。

导师(导师编号, 姓名, 职称)＝{(S1, 刘东, 副教授), (S2, 王南, 讲师), (S3, 蔡西, 教授), (S4, 张北, 副教授)}

研究生(研究生编号, 研究生姓名, 性别, 年龄, 导师编号)＝{(P1, 赵一, 男, 18, S1), (P2, 钱二, 女, 20, S3), (P3, 孙三, 女, 25, S3), (P4, 李四, 男, 18, S4), (P5, 王五, 男, 25, S2)}

(1) 查找年龄在 25 岁以上的研究生。

(2) 查找所有的教授。

(3) 查找导师"王南"指导的所有研究生的编号和姓名。

(4) 查找研究生"李四"的导师的相关信息。

4. 商业管理数据库中有 3 个实体：一是"商店"实体，属性有商店编号、商店名、地址等；二是"商品"实体，属性有商品号、商品名、规格、单价等；三是"职工"实体，属性有职工编号、姓名、性别、业绩等。

商店与商品间存在"销售"联系，每个商店可销售多种商品，每种商品也可放在多个商店销售，每个商店销售一种商品，有月销售量；商店与职工间存在着"聘用"联系，每个商店有许多职工，每个职工只能在一个商店工作，商店聘用职工有聘期和工资。

（1）试画出 E-R 图。

（2）将 E-R 图转换成关系模型，并说明主键和外键。

5. 设某商业集团数据库中有 3 个实体：一是"公司"实体，属性有公司编号、公司名、地址等；二是"仓库"实体，属性有仓库编号、仓库名、地址等；三是"职工"实体，属性有职工编号、姓名、性别等。

公司与仓库间存在"隶属"联系，每个公司管辖若干仓库，每个仓库只能属于一个公司管辖；仓库与职工间存在"聘用"联系，每个仓库可聘用多个职工，每个职工只能在一个仓库工作，仓库聘用职工有聘期和工资。

（1）试画出 E-R 图，并在图上注明属性、联系的类型。

（2）将 E-R 图转换成关系模型，并注明主键和外键。

6. 设某汽车运输公司数据库中有 3 个实体：一是"车队"实体，属性有车队编号、车队名等；二是"车辆"实体，属性有牌照号、型号、出厂日期等；三是"司机"实体，属性有司机编号、姓名、电话等。

设车队与司机之间存在"聘用"联系，每个车队可聘用若干司机，但每个司机只能应聘于一个车队，车队聘用司机有聘期；车队与车辆之间存在"拥有"联系，每个车队可拥有若干车辆，但每辆车只能属于一个车队；司机与车辆之间存在"驾驶"联系，司机驾驶车辆有驾驶日期和公里数两个属性，每个司机可使用多辆汽车，每辆汽车可被多个司机使用。

（1）试画出 E-R 图，并在图上注明属性、联系类型、实体标识符。

（2）将 E-R 图转换成关系模型，并说明主键和外键。

7. 图 2-1 为一张交通违章处罚通知书，试根据这张通知书所提供的信息设计一个 E-R 模型，并将这个 E-R 模型转换成关系模型，要求标明主键和外键。

交通违章通知书 编号：**TZ22719**

姓名：×××　　驾驶执照号：××××××	
地址：××××××××	
邮编：××××× 　　电话：××××××××	
机动车牌照号：×××××× 　　型号：××××××××	
制造厂：×××××× 　　生产日期：××××××	
违章日期：×××××× 　　时间：××××××	
地点：×××××× 　　违章记载：××××××××	
处罚方法：	
■ 警告　　　■ 罚款　　　□暂扣驾驶执照	
警察签字：××× 　　警察编号：××××××	
被处罚人签字：×××	

注：一张违章通知单可能有多项处罚，例如：警告+罚款

图 2-1　交通违章处罚通知书

8. 旅游信息管理系统涉及旅游线路、旅游班次、旅游团、游客、保险、导游、宾馆、交通工具等信息,试设计 E-R 图,并将其转换为关系模型。

参考答案

2.1 选择题

1. D	2. B	3. B	4. A	5. A	6. B
7. B	8. D	9. D	10. C	11. D	12. D
13. A	14. B	15. D	16. C	17. D	18. A
19. D	20. B	21. C	22. B	23. B	24. B
25. C	26. D	27. A	28. B	29. D	30. C
31. A	32. D	33. C	34. A	35. D	36. A
37. C	38. B	39. B	40. B	41. C	42. B
43. C	44. D	45. A	46. B	47. B	48. B
49. A	50. B	51. C	52. B	53. B	54. D
55. D	56. B	57. B	58. D	59. A	60. A
61. D	62. B				

2.2 填空题

1. 参照完整性

2. 唯一的

3. 投影   选择

4. 域

5. 元组   属性

6. 实体   联系   属性

7. 关系

8. 逻辑独立性

9. 外部关键字

10. 外部关键字

11. 关系数据库

12. 实体

13. 主关键字或候选关键字

14. 有效   相容

2.3 判断题

1. 错误	2. 正确	3. 错误	4. 错误	5. 错误	6. 正确
7. 正确	8. 正确	9. 正确	10. 正确	11. 正确	12. 正确
13. 错误					

2.4 问答题

1.

关系模型由关系数据结构、关系操作集合和关系完整性约束 3 部分组成。

2.

(1)

域：域是一组具有相同数据类型的值的集合。

关系：在域 $D_1,D_2,\cdots,D_n$ 上笛卡儿积 $D_1 \times D_2 \times \cdots \times D_n$ 的子集称为关系，表示为 $R(D_1,D_2,\cdots,D_n)$。

元组：关系中的每个元素是关系中的元组。

属性：关系是一个二维表，表的每行对应一个元组，表的每列对应一个域。列的名称称为属性。

(2)

候选关键字：若关系中的某一属性组的值能唯一地标识一个元组，则称该属性组为候选关键字。

主关键字：若一个关系有多个候选码，则选定其中一个为主关键字。

外部关键字：设 F 是基本关系 R 的一个或一组属性，但不是关系 R 的外部关键字，如果 F 与基本关系 S 的主关键字 Ks 相对应，则称 F 是基本关系 R 的外部关键字。

(3)

关系模式：关系的描述称为关系模式。设 $R = \{(a_1,a_2,\cdots,a_n) \mid a_i \in A_i, i = 1,\cdots,n\}$ 是一个 n 元关系，$R(A_1,A_2,\cdots,A_n)$ 称为关系 R 的模式。

关系数据库：关系数据库就是一些相关的二维表和其他数据库对象的集合。

3.

关系模型的完整性规则是对关系的某种约束条件。关系模型完整性约束有实体完整性、域完整性、参照完整性和用户定义完整性。

实体完整性就是一个关系模型中的所有元组都是唯一的，没有两个完全相同的元组。

域完整性就是对表中列数据的规范，包括数据类型和数据宽度两部分。

参照完整性就是当一个数据表中有外部关键字（即该列是另外一个表的关键字）时，外部关键字列的所有值都必须出现在其所对应的表中。

用户定义完整性是针对某个特定关系数据库的约束条件的，它反映了某一具体应用所涉及的数据完整性的特殊要求。

在参照完整性中，外部关键字属性的值可以为空，它表示该属性的值尚未确定。但前提条件是该外部关键字属性不是其所在关系的主属性。

4.

(1) 函数依赖。

设 $R = R(A_1,A_2,\cdots,A_n)$ 是一个关系模式（$A_1,A_2,\cdots,A_n$ 是 R 的属性），$X \in \{A_1,A_2,\cdots,A_n\}$，$Y \in \{A_1,A_2,\cdots,A_n\}$，即 X 和 Y 是 R 的属性子集，$T_1$、$T_2$ 是 R 的两个任意元组，即 $T_1 = T_1(A_1,A_2,\cdots,A_n)$，$T_2 = T_2(A_1,A_2,\cdots,A_n)$，如果当 $T_1(X) = T_2(X)$ 成立时，总有 $T_1(Y) = T_2(Y)$，则称 X 决定 Y，或称 Y 函数依赖于 X。记为：$X \rightarrow Y$。

(2) 部分函数依赖、完全函数依赖。

R、X、Y 如函数依赖所设，如果 $X \rightarrow Y$ 成立，但对 X 的任意真子集 X_1，都有 $X_1 \rightarrow Y$ 不成立，称 Y 完全函数依赖于 X，否则，称 Y 部分函数依赖于 X。

5.

(1) 关系模式。

学生 S(S♯,SN,SB,DN,C♯,SA)

班级 C(C♯,CS,DN,CNUM,CDATE)

系 D(D♯,DN,DA,DNUM)

学会 P(PN,DATE1,PA,PNUM)

学生-学会 SP(S♯,PN,DATE2)

其中,S♯ 表示学号,SN 表示姓名,SB 表示出生年月,SA 表示宿舍区;C♯ 表示班号,CS 表示专业名,CNUM 表示班级人数,CDATE 表示入校年份;D♯ 表示系号,DN 表示系名,DA 表示系办公室地点,DNUM 表示系人数;PN 表示学会名,DATE1 表示成立年月,PA 表示地点,PNUM 表示学会人数,DATE2 表示入会年份。

(2) 每个关系模式的极小函数依赖集。

S: S♯→SN,S♯→SB,S♯→C♯,C♯→DN,DN→SA

C: C♯→CS,C♯→CNUM,C♯→CDATE,CS→DN,(CS,CDATE)→C♯

D: D♯→DN,DN→D♯,D♯→DA,D♯→DNUM

P: PN→DATE1,PN→PA,PN→PNUM

SP: (S♯,PN)→DATE2

S 中存在传递函数依赖:S♯→DN, S♯→SA, C♯→SA

C 中存在传递函数依赖:C♯→DN

(S♯,PN)→DATE2 和(CS,CDATE)→C♯ 均为 SP 中的函数依赖,是完全函数依赖。

(3) 各关系的候选关键字、外部关键字。

关系名	候选关键字	外部关键字
S	S♯ C♯	DN
C	C♯,(CS,CDATE)	DN
D	D♯ 和 DN	无
P	PN	无
SP	(S♯,PN)	S♯,PN

6.

数据库设计过程的 5 个阶段:需求分析、设计数据实体的 E-R 图、将 E-R 图转化为二维表、对表进行规范化处理、进行评审。设计一个完善的数据库应用系统往往是上述 5 个阶段的不断反复。

7.

数据库结构设计的不同阶段形成数据库的各级模式:在概念设计阶段形成独立于机器特点、独立于各个数据库管理系统产品的概念模式,如 E-R 图;在逻辑设计阶段将 E-R 图转换成具体的数据库产品支持的数据模型,如关系模型,形成数据库逻辑模式;然后在基本表的基础上再建立必要的视图(View),形成数据的外模式;在物理设计阶段,根据数据库管理系统特点和处理的需要,进行物理存储安排,建立索引,形成数据库内模式;概念模式是面向用户和设计人员的,属于概念模型的层次;逻辑模式、外模式、内模式是数据库管理系统支持的模式,属于数据模型的层次,可以在数据库管理系统中加以描述和存储。

8.

需求分析阶段的设计目标是通过详细调查现实世界要处理的对象(组织、部门、企业等),充分了解原系统(手工系统或计算机系统)工作概况,明确用户的各种需求,然后在此基础上确定新系统的功能。

调查的内容是"数据"和"处理",即获得用户对数据库的要求。

(1) 信息要求:用户需要从数据库中获得信息的内容与性质。由信息要求可以导出数据要求,即在数据库中需要存储哪些数据。

(2) 处理要求:用户要完成什么处理功能,对处理的响应时间有什么要求,处理方式是批处理还是联机处理。

(3) 安全性与完整性要求。

9.

(1) 重要性。

数据库概念设计是整个数据库设计的关键,将在需求分析阶段所得到的应用需求首先抽象为概念结构,以此作为各种数据模型的共同基础,从而能更好、更准确地用某一数据库管理系统实现这些需求。

(2) 设计步骤。

概念结构的设计步骤通常分为两步:第一步是抽象数据并设计局部视图;第二步是集成局部视图,得到全局的概念结构。

10.

E-R 图就是实体-联系图,它提供了表示实体型、属性和联系的方法,用来描述现实世界的概念模型。

构成 E-R 图的基本要素是实体型、属性和联系,其表示方法为:

(1) 实体型,用矩形表示,矩形框内写明实体名。

(2) 属性,用椭圆形表示,并用无向边将其与相应的实体连接起来。

(3) 联系,用菱形表示,菱形框内写明联系名,并用无向边分别与有关实体连接起来,同时在无向边旁标上联系的类型($1:1$、$1:n$ 或 $m:n$)。

11.

数据库的逻辑结构设计就是把概念结构设计阶段设计好的基本 E-R 图转换为与选用的数据库管理系统产品所支持的数据模型相符合的逻辑结构。设计步骤如下:

(1) 将概念结构转换为一般的关系、网状、层次模型。

(2) 将转换来的关系、网状、层次模型向特定数据库管理系统支持下的数据模型转换。

(3) 对数据模型进行优化。

2.5 应用题

1.

(1) 候选关键字位 AB。

(2) 该关系最高为 2NF。

(3) 分解结果关系如下:

A	B	C
a_1	b_1	c_1
a_1	b_2	c_1
a_1	b_3	c_2
a_2	b_1	c_1
a_2	b_2	c_3

C	D
c_1	d_1
c_2	d_1
c_3	d_2

2.

(1) 相应的关系模型为:

$R_1(A\#, A_1, A_2, A_3, B\#, D_1)$

$R_2(B\#, B_1, B_2)$

(2) 关系模式 $RS(A\#, A_1, A_2, A_3, B\#, B_1, B_2, D_1)$ 的关键字是 $A\#B\#$。

(3) RS满足2NF,不满足3NF。因为存在非主属性 A_3 对码 $A\#B\#$ 的传递依赖,没有部分函数依赖。

(4) 不一定。因为 R_3 中有两个非主属性 B_1 和 B_2,有可能存在函数依赖 $B_1 \rightarrow B_2$,则出现传递依赖 $B\# \rightarrow B_1$、$B_1 \rightarrow B_2$。

3.

关系运算式如下:

(1) $\sigma_{年龄>25}(研究生)$

(2) $\sigma_{职称='教授'}(导师)$

(3) $\pi_{(研究生编号,研究生姓名)}(\sigma_{姓名='王南'}(导师 \underset{条件}{\bowtie} 研究生))$,其中连接的条件为"导师.导师编号=研究生.导师编号"。

(4) $\pi_{(导师编号,姓名,职称)}(\sigma_{研究生姓名='李四'}(导师 \underset{条件}{\bowtie} 研究生))$,其中连接的条件为"导师.导师编号=研究生.导师编号"。

4.

(1) 对应的E-R图如图 2-2 所示。

(2) 这个E-R图可转换为如下关系模式:

商店(商店编号,商店名,地址),商店编号为主键。

职工(职工编号,姓名,性别,业绩,商店编号,聘期,工资),职工编号为主键,商店编号为外键。

商品(商品号,商品名,规格,单价),商品号为主键。

销售(商店编号,商品号,月销售量),商店编号+商品号为主键,商店编号、商品号均为外键。

5.

(1) 对应的E-R图如图 2-3 所示。

(2) 这个E-R图可转换3个关系模式:

公司(公司编号,公司名,地址),公司编号为主键。

仓库(仓库编号,仓库名,地址,公司编号),仓库编号为主键,公司编号为外键。

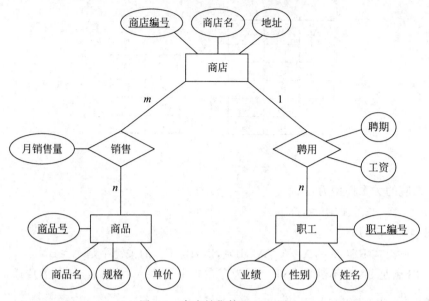

图 2-2　商店销售管理 E-R 图

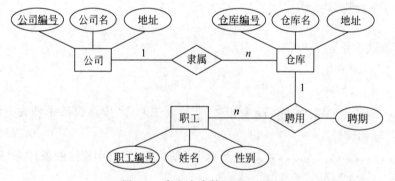

图 2-3　商业仓库管理 E-R 图

职工(**职工编号**,姓名,性别,仓库编号,聘期),职工编号为主键,仓库编号为外键。

6.

(1) 对应的 E-R 图如图 2-4 所示。

(2) 转换成的关系模型应具有 4 个关系模式:

车队(**车队编号**,车队名),车队编号为主键。

车辆(**牌照号**,型号,生产日期,车队编号),牌照号为主键,车队编号为外键。

司机(**司机编号**,姓名,电话,车队编号,聘期),司机编号为主键,车队编号为外键。

驾驶(**司机编号**,**牌照号**,**驾驶日期**,公里数),司机编号＋牌照号＋驾驶日期为主键,司机编号、牌照号均为外键。

7.

E-R 图如图 2-5 所示。

这个 E-R 图有 5 个实体类型,其结构如下:

司机(**驾照号**,姓名,地址,邮编,电话)

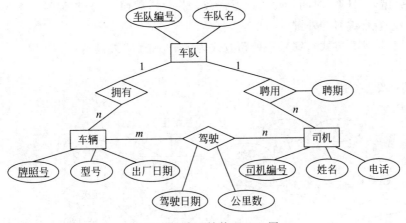

图 2-4 汽车运输管理 E-R 图

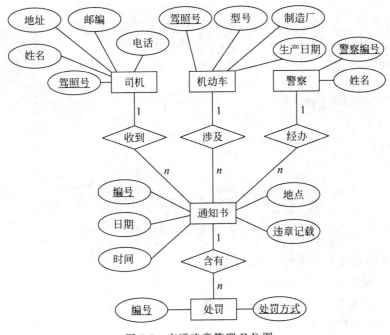

图 2-5 交通违章管理 E-R 图

机动车(牌照号,型号,制造厂,生产日期)

警察(警察编号,姓名)

通知书(编号,日期,时间,地点,违章记载)

处罚(编号,处罚方式)

这个 E-R 图有 4 个联系类型,都是 1∶n 联系。根据 E-R 图的转换规则,5 个实体类型转换为 5 个关系模式如下:

司机(驾照号,姓名,地址,邮编,电话),驾照号为主键。

机动车(牌照号,型号,制造厂,生产日期),牌照号为主键。

警察(警察编号,姓名),警察编号为主键。

通知书(<u>编号</u>,日期,时间,地点,违章记载,驾照号,牌照号,警察编号),编号为主键,驾照号、牌照号、警察编号为外键。

处罚(<u>编号</u>,<u>处罚方式</u>),编号+处罚方式为主键,编号为外键。

8.

E-R 图如图 2-6 所示。

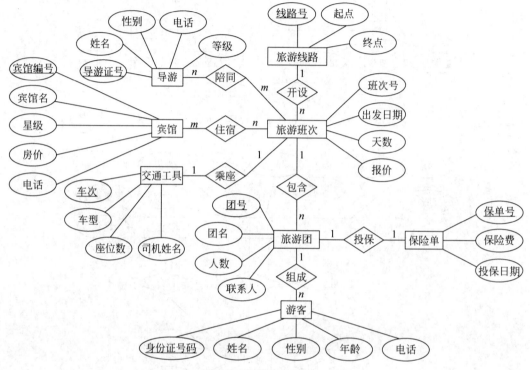

图 2-6　旅游管理 E-R 图

这个 E-R 图有 8 个实体类型,其结构如下:

旅游线路(线路号,起点,终点)

旅游班次(班次号,出发日期,天数,报价)

旅游团(团号,团名,人数,联系人)

游客(身份证号码,姓名,性别,年龄,电话)

导游(导游证号,姓名,性别,电话,等级)

宾馆(宾馆编号,宾馆名,星级,房价,电话)

交通工具(车次,车型,座位数,司机姓名)

保险单(保单号,保险费,投保日期)

这个 E-R 图有 7 个联系类型,其中 2 个是 1∶1 联系,3 个是 1∶n 联系,2 个是 m∶n 联系。根据 E-R 图的转换规则,8 个实体类型转换为 8 个关系模式,2 个 m∶n 联系转换为 2 个关系模式,共 10 个关系模式如下:

旅游线路(<u>线路号</u>,起点,终点)

旅游班次(<u>班次号</u>,线路号,出发日期,天数,报价)

旅游团(<u>团号</u>,旅游班次号,团名,人数,联系人)

游客(<u>身份证号码</u>,团号,姓名,性别,年龄,电话)

导游(<u>导游证号</u>,姓名,性别,电话,等级)

交通工具(<u>车次</u>,车型,座位数,司机姓名)

宾馆(<u>宾馆编号</u>,宾馆名,星级,房价,电话)

保险单(<u>保单号</u>,保险费,投保日期)

保险单(<u>保单号</u>,团号,保险费,投保日期)

陪同(<u>旅游班次</u>,<u>导游证号</u>)

食宿(<u>旅游班次</u>,<u>宾馆编号</u>)

第3章　SQL Server 2012操作基础

3.1　选择题

1. SQL Server 2012 运行的平台为(　　)。
   A. Windows 平台　　　　　　　　　　B. UNIX 平台
   C. Linux 平台　　　　　　　　　　　　D. NetWare 平台

2. SQL Server 2012 企业版不支持的 Windows 操作系统版本是(　　)。
   A. Windows Server 2008 R2 SP1　　　B. Windows Server 2008 SP2
   C. Windows XP　　　　　　　　　　　D. Windows 7 SP1

3. 当采用 Windows 身份验证方式登录数据库服务器时,SQL Server 2012 客户端软件会向操作系统请求一个(　　)。
   A. 并发控制　　　　　　　　　　　　B. 邮件集成
   C. 数据转换服务　　　　　　　　　　D. 信任连接

4. SQL Server 2012 属于(　　)数据库系统。
   A. 层次模型　　　　　　　　　　　　B. 网状模型
   C. 关系模型　　　　　　　　　　　　D. 面向对象模型

5. SQL 通常称为(　　)。
   A. 结构化查询语言　　　　　　　　　B. 结构化控制语言
   C. 结构化定义语言　　　　　　　　　D. 结构化操纵语言

6. 下面关于 SQL 的说法中,(　　)是错误的。
   A. SQL 支持数据库的三级模式结构
   B. 一个 SQL 数据库就是一个基本表
   C. 一个存储文件可以存储多个基本表
   D. SQL 的一个表可以是一个基本表或视图

7. SQL Server 数据库管理系统是(　　)。
   A. 操作系统的一部分　　　　　　　　B. 操作系统支持下的系统软件
   C. 一种编译程序　　　　　　　　　　D. 一种操作系统

8. SQL 是( )的缩写。

　　A. Standard Query Language　　　　　B. Structured Query Language

　　C. Select Query Language　　　　　　D. 以上选项都不是

9. SQL Server 是一个( )。

　　A. 关系型数据库　　　　　　　　　　B. 层次型数据库

　　C. 网状型数据库　　　　　　　　　　D. 以上选项都不是

10. SQL 是( )的语言,容易学习。

　　A. 过程化　　　　　B. 非过程化　　　　C. 格式化　　　　D. 导航式

11. SQL 的数据操纵语句包括 SELECT、INSERT、UPDATE、DELETE 等,其中最重要的、使用最频繁的语句是( )。

　　A. SELECT　　　　　B. INSERT　　　　C. UPDATE　　　　D. DELETE

12. 下列 SQL 语句中,( )不是数据定义语句。

　　A. CREATE TABLE　　　　　　　　　B. DROP VIEW

　　C. CREATE VIEW　　　　　　　　　　D. GRANT

13. SQL 是一种( )语言。

　　A. 高级算法　　　　　B. 人工智能　　　　C. 关系数据库　　　　D. 函数型

14. SQL Server 的( )用于管理与 SQL Server 相关联的服务,配置 SQL Server 使用的网络协议,以及从 SQL Server 客户端计算机管理网络连接配置。

　　A. 配置管理器　　　　　　　　　　　B. 数据库引擎优化顾问

　　C. 事件探查器　　　　　　　　　　　D. 管理平台

15. SQL Server 的( )是为 SQL Server 数据库的管理员和开发人员提供的一个可视化集成管理环境,通过它来对 SQL Server 进行访问、配置、控制、管理和开发。

　　A. SQL Server 配置管理器　　　　　　B. 数据库引擎优化顾问

　　C. 事件探查器　　　　　　　　　　　D. SQL Server 管理平台

3.2　填空题

1. Microsoft 公司提供了 6 种版本的 SQL Server 2012,它们的名称分别为＿＿＿＿、＿＿＿＿、＿＿＿＿、＿＿＿＿、＿＿＿＿和＿＿＿＿。

2. SQL Server 2012 支持两种登录认证模式:一种是＿＿＿＿;另一种是＿＿＿＿。

3. SQL Server 2012 的 SQL Server Management Studio 功能相当于 SQL Server 2000 的＿＿＿＿和＿＿＿＿。

4. SQL 不仅仅是一个查询工具,它可以独立完成数据库的全部操作。按照其实现的功能可以将 SQL 划分为＿＿＿＿、＿＿＿＿、＿＿＿＿和＿＿＿＿ 4 类。

5. Windows 身份验证指以＿＿＿＿身份登录 SQL Server。

6. SQL 的英文全称为＿＿＿＿。

7. Transact-SQL 主要扩展了 SQL 的三个方面:增加了＿＿＿＿语句、变量和新的数据类型。

8. SQL Server ＿＿＿＿用于监督、记录和检查 SQL Server 2012 数据库的使用情况,系统管理员利用它可以连续实时地捕获用户的活动情况。

9. SQL Server 2012 的_____是一个性能优化工具,所有的优化操作都可以由该工具完成。

10. SQL Server 2012 的_____为商业智能应用程序提供联机分析处理和数据挖掘功能。

3.3 判断题

1. 非本机上的 SQL Server 2012 服务器称为远程服务器,对于远程服务器必须先注册才能进行相关管理工作。

2. SQL Server 2012 服务器的管理工作包括启动、暂停和关闭服务器。

3. SQL 是结构化查询语言,是只提供对数据进行查询的语言。

4. SQL Server 2012 支持客户/服务器结构和分布式数据库结构。

5. SQL Server 事件探查器(SQL Server Profiler)是一个图形化管理工具,用于监督、记录和检查 SQL Server 2012 数据库的使用情况。

6. 对数据库进行更改,包括增加新数据、删除旧数据、修改已有数据等属于数据控制语言提供的功能。

7. 数据定义语言用于定义数据的逻辑结构以及数据项之间的关系。

8. 数据控制语言用于控制其对数据库中数据的操作,包括对象的授权、完整性规则和事务控制语句等。

9. SQL Server 服务器暂停时,所有已经提交的任务都将停止执行。

10. SQL Server 管理平台是为 SQL Server 数据库的管理员和开发人员提供的一个对 SQL Server 数据库进行访问、配置、控制、管理和开发的可视化集成管理平台。

3.4 问答题

1. 试述 SQL 的特点。

2. 试述 SQL 的定义功能。

3. SQL Server 2012 有哪些版本?

4. "Windows 身份验证模式"和"混合模式"的区别是什么?

5. 为了成功安装 SQL Server 2012,安装的计算机上需要什么软件环境?

6. SQL Server 的实例名的作用是什么?

7. 要启动 SQL Server 2012 服务器,可以使用哪些工具?

8. 简述 SQL 的工作原理。

9. 简述 SQL Server 2012 系统提供的主要管理工具。

参 考 答 案

3.1 选择题

1. A	2. C	3. D	4. C	5. A
6. B	7. B	8. B	9. A	10. B
11. A	12. D	13. C	14. A	15. D

3.2 填空题

1. 企业版(Enterprise)　标准版(Standard)　商业智能版(Business Intelligence)
Web 版　开发者版(Developer)　精简版(Express)

2. Windows 身份验证　SQL Server 身份验证

3. 企业管理器　查询分析器

4. 数据查询语言　数据定义语言　数据操纵语言　数据控制语言

5. Windows 的合法用户

6. Structured Query Language

7. 流程控制

8. 事件探查器

9. 数据库引擎优化顾问

10. 分析服务

3.3 判断题

1. 正确　　2. 正确　　3. 错误　　4. 正确　　5. 正确

6. 错误　　7. 正确　　8. 正确　　9. 错误　　10. 正确

3.4 问答题

1.

SQL 语言的特点如下:

(1) 综合统一。SQL 集数据查询语言(DQL)、数据定义语言(DDL)、数据操纵语言
(DML)、数据控制语言(DCL)的功能于一体。

(2) 高度非过程化。用 SQL 进行数据操作,只要提出"做什么",而无须指明"怎么做",
存取路径的选择以及 SQL 语句的操作过程由系统自动完成。

(3) 面向集合的操作方式。SQL 采用集合操作方式,不仅操作对象、查找结果可以是元
组的集合,而且插入、删除、更新操作的对象也可以是元组的集合。

(4) 以同一种语法结构提供两种使用方式。SQL 既是自含式语言,能够独立地用于联
机交互的使用方式,又是嵌入式语言,能够嵌入到高级语言程序中,供程序员设计程序时
使用。

(5) 语言简洁、易学易用。

2.

SQL 的数据定义功能包括定义表、定义视图和定义索引。

SQL 使用 CREATE TABLE 语句定义基本表、ALTER TABLE 语句修改基本表定义、
DROP TABLE 语句删除基本表;使用 CREATE INDEX 语句建立索引、DROP INDEX 语
句删除索引表;使用 CREATE VIEW 命令建立视图、DROP VIEW 语句删除视图。

3.

SQL Server 2012 包含企业版(Enterprise)、标准版(Standard)、商业智能版(Business
Intelligence)、Web 版、开发者版(Developer)以及精简版(Express)。

4.

"Windows 身份验证模式"表示 SQL Server 只接收来自 Windows 的用户,其他用户均
不能访问 SQL Server。"混合模式"表示 SQL Server 接收来自 Windows 的用户和其他非

Windows 的用户。

5.

SQL Server 2012 安装软件环境包括 Windows Server 2008 R2 SP1、Windows Server 2008 SP2、Windows 7 SP1、Windows Vista SP2。

SQL Server 2012 的运行还需要. NET Framework 版本。选择安装数据库引擎、Reporting Services、复制、Master Data Services、Data Quality Services 或 SQL Server Management Studio 时,. NET 3.5 SP1 是 SQL Server 2012 所必需的,并且不再通过 SQL Server 安装程序进行安装。在 Windows Server 2008 R2 SP1 的服务器内核上安装 SQL Server Express 必须首先安装. NET 4.0。

另外,Microsoft 管理控制台（MMC）、SQL Server Data Tools（SSDT）、Reporting Services 的报表设计器组件和 HTML 帮助都需要 Internet Explorer 7 或更高版本。

6.

在 SQL Server 中,一个实例名就代表一个 SQL Server 系统。当一台机器上安装了多个 SQL Server 时,可以用实例名来区别它们。

7.

在操作系统中"管理工具"下的"服务"界面中操作; 在 SQL Server Management Studio 中操作; 在"SQL Server 配置管理器"中操作。

8.

当用户需要检索数据库中的数据时,可以通过 SQL 发出请求,数据库管理系统对 SQL 请求进行处理,检索到所要求的数据,并将其返回给用户。

9.

SQL Server 2012 系统提供的主要管理工具包括有 SQLServer 管理平台、SQL Server 商业智能开发平台、分析服务工具、SQL Server 配置管理器、数据库引擎优化顾问和事件探查器等。

第4章　数据库的管理

4.1 选择题

1. SQL Server 2012 是(　　)。
   A. 数据库
   B. 数据库系统
   C. 数据处理系统
   D. 数据库管理系统

2. 事务日志用于保存(　　)。
   A. 程序运行过程
   B. 程序的执行结果
   C. 对数据的更新操作
   D. 数据操作

3. 以下关于使用文件组的叙述中,不正确的是(　　)。
   A. 文件或文件组可以由一个以上的数据库使用
   B. 文件只能是一个文件组的成员
   C. 数据和事务日志信息不能属于同一文件或文件组
   D. 事务日志文件不能属于任何文件组

4. SQL Server 把数据及其相关信息用多个逻辑组件来表示,这些逻辑组件通常被称为数据库对象。以下(　　)不是数据库对象。
   A. 表
   B. 视图
   C. 索引
   D. 备份

5. 安装 SQL Server 后,数据库服务器已经自动建立了 4 个系统数据库,以下(　　)不是系统数据库。
   A. master 数据库
   B. pubs 数据库
   C. model 数据库
   D. msdb 数据库

6. 以下关于数据库 model 的叙述中,正确的是(　　)。
   A. model 数据库是 SQL Server 示例数据库
   B. model 数据库用于保存所有的临时表和临时存储过程
   C. model 数据库用作在系统上创建的所有数据库的模板
   D. model 数据库用于记录 SQL Server 系统的所有系统级别信息

7. 创建数据库的 Transact-SQL 语句是(　　)。
   A. CREATE DATABASE
   B. ALTER DATABASE
   C. DROP DATABASE
   D. COPY DATABASE

8. SQL Server 2012 的物理存储主要包括（　　）两类文件。

    A. 主数据文件、次要数据文件   B. 数据文件、事务日志文件

    C. 表文件、索引文件   D. 事务日志文件、文本文件

9. 按照表的用途来分类，表可以分为（　　）两大类。

    A. 数据表和索引表   B. 系统表和数据表

    C. 用户表和非用户表   D. 系统表和用户表

10. 用于存储数据库中表和索引等数据库对象信息的文件为（　　）。

    A. 数据文件   B. 事务日志文件

    C. 文本文件   D. 图像文件

11. 下列说法（　　）不正确。

    A. 每个数据库可以包含若干个主数据文件

    B. 主数据文件的扩展名是 mdf

    C. 主数据文件中存放的是数据库的系统信息和用户数据库的数据

    D. 每个数据库都只包含一个主数据文件

12. 包含数据库的启动信息的文件是（　　）。

    A. 主数据文件   B. 非主要数据文件

    C. 次数据文件   D. 事务日志文件

13. SQL Server 数据库文件可以有多个，除了主数据文件外，还可以有次数据文件，次数据文件的扩展名为（　　）。

    A. NDF   B. LDF   C. MDF   D. IDF

14. 下面描述错误的是（　　）。

    A. 数据库的数据文件中有且只有一个主数据文件

    B. 日志文件可以存在于任意文件组中

    C. 主数据文件默认在 primary 文件组中

    D. 文件组是为了更好地实现数据库文件组织

15. 关于数据库的大小，下列说法正确的是（　　）。

    A. 只能指定固定的大小   B. 最小为 10MB

    C. 最大为 100MB   D. 可以设置为自动增长

16. 下列文件中不属于 SQL Server 数据库文件的是（　　）。

    A. db_data.MDF   B. db_log.LDF

    C. db_mdf.DAT   D. db_data.NDF

17. 下面关于 tempdb 数据库描述不正确的是（　　）。

    A. 是一个临时数据库   B. 属于全局资源

    C. 没有权限限制   D. 是用户建立新数据库的模板

18. 下列（　　）不是 SQL Server 数据库对象。

    A. 数据   B. 规则   C. 默认   D. 存储过程

19. SQL Server 把数据及其相关信息用多个逻辑组件来表示，这些逻辑组件通常被称为数据库对象。以下（　　）不是数据库对象。

    A. 表   B. 视图   C. 索引   D. 备份

20. 下列不是 SQL Server 2012 系统数据库的是( )。

    A. master 数据库   B. msdb 数据库

    C. adventusrworks 数据库   D. model 数据库

21. 删除数据库的命令是( )。

    A. DROP DATABASE   B. USE DATABASE

    C. CLOSE DATABASE   D. OPEN DATABASE

22. 主数据库文件的扩展名为( )。

    A. .TXT   B. .DB   C. .MDF   D. .LDF

23. 用于存储数据库中表和索引等数据库对象信息的文件为( )。

    A. 数据文件   B. 事务日志文件

    C. 文本文件   D. 图像文件

24. 日志文件是数据库系统出现故障以后,保证数据正确、一致的重要机制之一。下列关于日志文件的说法错误的是( )。

    A. 日志的登记顺序必须严格按照事务执行的时间次序进行

    B. 为了保证发生故障时能正确地恢复数据,必须保证先写数据库后写日志

    C. 检查点记录是日志文件的一种记录,用于改善恢复效率

    D. 事务故障恢复和系统故障恢复都必须使用日志文件

25. 某企业需要在一个 SQL Server 实例上为多个部门构建不同的数据库,有一个通用的数据类型需要用在这些不同数据库中,则较好的实现方法是( )。

    A. 在创建所有的用户数据库之前,将此数据类型定义在 master 数据库中

    B. 在创建所有的用户数据库之前,将此数据类型定义在 model 数据库中

    C. 在创建所有的用户数据库之前,将此数据类型定义在 msdb 数据库中

    D. 在创建完每个用户数据库之后,在每个数据库中分别定义此数据类型

26. master 数据库是 SQL Server 系统最重要的数据库,如果该数据库被损坏,SQL Server 将无法正常工作。该数据库记录了 SQL Server 系统的所有( )。

    A. 系统设置信息   B. 用户信息

    C. 对数据库操作的信息   D. 系统信息

27. 用于数据库还原的重要文件是( )。

    A. 数据库文件   B. 索引文件

    C. 备注文件   D. 事务日志文件

28. 下列( )不是 SQL Server 数据库文件的扩展名。

    A. MDF   B. LDF   C. NDF   D. TIF

29. 每个数据库有且只有一个( )。

    A. 主要数据文件   B. 次要数据文件

    C. 日志文件   D. 索引文件

30. 使用 Transact-SQL 的 ALTER DATABASE 命令,选择关键字( )将日志文件添加到指定的数据库。

    A. ALTER LOG FILE   B. ADD FILE

    C. ALTER FILE   D. ADD LOG FILE

31. 下列 Transact-SQL 命令创建的数据库名称是（   ）。

```
CREATE DATABASE stdb
ON
(NAME = student1,
FILENAME = "d:\stdat1.mdf"),
(NAME = student2,
FILENAME = "d:\stdat2.ndf")
```

    A. stdat1   B. student1   C. stdb   D. student2

32. 在 SQL Server 中，model 是（   ）。

    A. 数据库系统表   B. 数据库模板

    C. 临时数据库   D. 示例数据库

33. 只记录自上次数据库备份后发生更改的数据的备份方式是（   ）。

    A. 数据库备份   B. 日志备份

    C. 差异备份   D. 文件备份

34. 在 SQL Sever 中，SIZE 用于指定数据库操作系统文件的大小，计量单位可以是 MB、KB，如果没有指定，系统默认是（   ）。

    A. KB   B. MB   C. GB   D. BITS

35. 数据库文件不包括（   ）。

    A. 文件组   B. 事务日志文件

    C. 主数据文件   D. 次要数据文件

36. 在使用 CREATE DATABASE 命令创建数据库时，FILENAME 选项定义的是（   ）。

    A. 文件增长量   B. 文件大小

    C. 逻辑文件名   D. 物理文件名

37. 对于下面的命令，正确的解释是（   ）。

```
CREATE DATABASE OPCDB
ON
(
NAME = 'OPCDB_Data',
FILENAME = 'D:\Microsoft SQL Server\MSSQL\Data\OPCDB.mdf',
SIZE = 3MB,
MAXSIZE = 50MB,
FILEGROWTH = 10%
)
LOG ON
(
NAME = 'OPCDB_Log',
FILENAME = 'D:\Microsoft SQL Server\MSSQL\Data\OPCDB.ldf',
SIZE = 2MB,
MAXSIZE = 5MB,
FILEGROWTH = 1MB
)
```

A. 创建一个名为 OPCDB 的数据库,要求其主数据文件初始大小为 3MB,最大为
       50MB,允许数据库自动增长,增长方式是按 10% 的比例增长;日志文件初始大
       小为 2MB,最大可增长到 5MB,按 1MB 增长

    B. 创建一个名为 OPCDB 的数据库,要求其主数据文件初始大小为 2MB,最大为
       5MB,允许数据库自动增长,按 1MB 增长;日志文件初始大小为 3MB,最大可
       增长到 50MB,增长方式是按 10% 的比例增长

    C. 创建一个名为 OPCD_Data 的数据库,要求其主数据文件初始大小为 5MB,最
       大大小为 50MB,允许数据库自动增长,增长方式是按 10% 的比例增长;日志
       文件初始大小为 2MB,最大可增长到 3MB,按 1MB 增长

    D. 创建一个名为 OPCD_Log 的数据库,要求其主数据文件初始大小为 2MB,最大
       大小为 3MB,允许数据库自动增长,增长方式是按 10% 的比例增长;日志文件
       初始大小为 5MB,最大可增长到 50MB,按 1MB 增长

38. 关于 DROP DATABASE 语句,叙述错误的是(　　)。

    A. 一次可以删除一个或多个数据库

    B. 在删除数据库时不会显示确认信息

    C. 会删除数据库的磁盘文件

    D. 如果数据库正在使用,删除数据库将导致应用程序出错

39. 下列关于删除数据库叙述错误的是(　　)。

    A. 从 Windows 的资源管理器中删除数据库文件即可删除该数据库

    B. 删除数据库时,会删除该数据库的所有数据文件

    C. 删除数据库时,会删除该数据库的所有事务日志文件

    D. 被删除的数据库不可能再附加到数据库中

40. 在 SQL Sever 中,创建数据库 book,使用的语句是(　　)。

    A. CREATE TABLE book   B. CREATE VIEW book

    C. CREATE PROC book   D. CREATE DATABASE book

4.2　填空题

1. 数据库通常被划分为_____视图和物理视图。

2. tempdb 数据库保存所有的临时表和临时_____。

3. 数据文件是存放数据和数据库对象的文件。一个数据库可以有_____数据文件,
每个数据文件只属于一个数据库。

4. 当一个数据文件有多个数据文件时,其中一个文件被定义为主数据文件,扩展名为
_____,用来存储数据库的启动信息和部分或全部数据。其他数据文件被称为次数据文
件,扩展名为_____,用来存储主数据文件没有存储的其他数据。

5. 事务日志文件是用来记录数据库更新信息的文件。事务日志文件最小为 512KB,扩
展名为_____。每个数据库可以有_____事务日志文件。

6. master 数据库记录 SQL Server 系统的所有_____信息,如 SQL Server 的初始化
信息、所有的登录账户和系统配置设置等。

7. 在 SQL Server 中,修改数据库 Transact-SQL 的命令是_____。

8. 在 SQL Server 中,系统数据库是_____、_____、_____、_____和_____。

9. 在 SQL Server 中,数据库是由_____文件和_____文件组成的。

10. 默认情况下安装 SQL Server 2012 后,系统自动建立了_____个数据库。

11. 使用 Transact-SQL 管理数据库时,创建数据库的语句为_____,修改数据库的语句为_____,删除数据库的语句为_____。

12. 在 SQL Server 中,使用以下语句创建数据库 student,且主数据库文件名为 stu_dat.mdf,存放在 D:\。

```
CREATE DATABASE student
ON
( NAME = stu,
    ____ = 'D:\stu_dat.mdf'
)
```

13. 将名为 Sales 数据库改为 NewSales。

```
ALTER DATABASE Sales ____ NAME = NewSales
```

14. 将数据库 Test1 中的数据文件 test1dat3 大小增加到 20MB。

```
ALTER DATABASE Test1
_____ FILE
( NAME = test1dat3,
SIZE = 20MB )
```

15. 事务日志文件是用来记录_____的更新情况的文件,扩展名为 LDF。

16. 使用 Transact-SQL 的 ALTER DATABASE 命令,选择关键字 ADD _____将日志文件添加到指定的数据库。

17. 完成以下语句将数据库 Archive 的次数据文件 Arch3 删除。

```
ALTER DATABASE Archive
____ Arch3
```

18. SQL Server 数据库分为_____数据库和用户数据库。

19. SQL Server 中,如果没有指定默认文件组,则_____是默认文件组。

20. 下面的语句将数据库 Archive 的主数据文件 AMAIN 中的自动增长量修改为 5MB:

```
ALTER DATABASE Archive
MODIFY FILE
( NAME = AMAIN,
____ = 5 )
```

4.3 判断题

1. 创建数据库时若没有指定其文件组,则该数据库不属于任何数据库文件组。

2. 一个数据文件如果没有指定文件组,则默认属于主文件组。

3. SQL Server 的数据库包括系统数据库和用户数据库,系统数据库有 master 数据库、

msdb 数据库、model 数据库、tempdb 数据库,其中的 master 数据库的主要功能是从整体上控制用户数据库和 SQL Server 操作。

4. 一个数据库可以有 0 个次数据文件。

5. 在 SQL Server 系统中,数据信息和日志信息不能放在同一个操作系统文件中。

6. 可以使用 ALTER DATABASE 语句修改数据库的名称。

7. 当数据库损坏时,数据库管理员可通过主数据库文件还原数据库。

8. 事务日志文件不属于任何文件组。

9. 每个数据库有且只有一个主数据文件。

10. SQL Server 系统中的所有服务器级系统信息存储于 model 数据库。

4.4 问答题

1. 什么是日志文件?为什么要设立日志文件?

2. 登记日志文件时为什么必须先写日志文件,后写数据库?

3. SQL Server 数据库由哪两类文件组成?这些文件的扩展名分别是什么?

4. 数据文件和日志文件的作用分别是什么?

5. 在 SQL Server 中,为什么要将数据文件分为主数据文件和辅助数据文件?

6. 数据文件和日志文件默认存放在哪里?

7. 在 SQL Server 2012 中,数据的存储单位是什么?这个存储单位的大小是多少?

8. 在定义数据文件和日志文件时,可以指定哪几个属性?

9. 在 SQL Server 管理平台中扩大数据库空间可以使用哪几种方法?

10. 一个数据库至少包含几个文件和文件组?主数据文件和次数据文件有哪些不同?

11. 什么时候应当备份 master 数据库?

12. 欲在某 SQL Server 实例上建立多个数据库,每个数据库都包含一个用于记录用户名和密码的 users 表。如何操作能快捷地建立这些表?

4.5 应用题

1. 建立学生管理数据库 studentsdb,其中包含 3 个关系:

学生(学号 char(4),姓名 char(8),性别 char(2),出生日期 datetime(8),家庭住址 varchar(50),备注 text(10))

课程(课程编号 char(4),课程名称 varchar(50),学分 int(4))

成绩(学号 char(4),课程编号 char(4),分数 real)

根据三个关系分别建立三个数据表,命名为 student_info(学生表)、curriculum(课程表)、grade(成绩表)。

2. 使用 Transact-SQL 完成如下操作:

(1) 创建 Sales 数据库,使其包含两个文件组,主文件组(Primary)中包含 2 个数据文件 SalDat01(主数据文件)和 SalesDat02,次文件组(FileGrp1)中包含 3 个数据文件 SalDat11、SalDat12 和 SalDat13。主文件组的数据文件位于 C:\DB,次文件组的数据文件位于 D:\DB;数据文件的磁盘文件名与逻辑文件名相同。

(2) 向 Sales 数据库中添加一个位于 C:\DB、名为 SalLog2 的日志文件。

(3) 向 Sales 数据库的主文件组添加一个位于 C:\DB、名为 SalDat03 的数据文件,其初始大小为 5MB,按 20％的比例增长。

(4) 将 Sales 数据库设置为单用户模式。

(5) 将 OldSales 数据库删除。

3. 创建一个只含一个数据文件和一个事务日志文件的数据库,数据库名为 GZGL,主数据库文件逻辑名称为 gzgl_data,数据文件的操作系统名称为 gzgl.mdf,数据文件初始大小为 5MB,最大值为 200MB,数据文件大小以 10％的比例增加。日志逻辑文件名称为 gzgl_log.ldf,事务日志的操作系统名称为 gzgl.ldf,日志文件初始大小为 5MB,最大值为 100MB,日志文件以 2MB 的增量增加。

4. 创建一个包含 2 个文件组的数据库。该数据库名为 xjgl,主文件组包含文件 xjgl0_data 和 xjgl1_data。文件组 xjgl _group 包含文件 xjgl2_data 和 xjgl3_data。两个文件组数据文件的文件大小增量为 15％,数据文件的初始大小为 10MB。事务日志文件的文件名为 xjgl_log,文件大小增量为 15％,日志文件的初始大小为 5MB。

参 考 答 案

4.1 选择题

1. D	2. C	3. A	4. D	5. B
6. C	7. A	8. B	9. D	10. A
11. A	12. A	13. A	14. B	15. D
16. C	17. D	18. A	19. D	20. C
21. A	22. C	23. A	24. B	25. B
26. A	27. D	28. D	29. A	30. D
31. C	32. B	33. C	34. B	35. A
36. D	37. A	38. D	39. A	40. D

4.2 填空题

1. 用户

2. 存储过程

3. 一个或多个

4. MDF   NDF

5. LDF   一个或多个

6. 系统级别

7. ALTER DATABASE

8. master 数据库   msdb 数据库   model 数据库   resource 数据库   tempdb 数据库

0. 数据文件   事务日志文件

10. 5

11. CREATE DATABASE   ALTER DATABASE   DROP DATABASE

12. FILENAME

13. MODIFY

14. MODIFY

15. 数据

16. LOG FILE

17. REMOVE FILE

18. 系统

19. 主文件组

20. FILEGROWTH

4.3 判断题

1. 错误　　2. 正确　　3. 正确　　4. 正确　　5. 正确

6. 正确　　7. 错误　　8. 正确　　9. 正确　　10. 错误

4.4 问答题

1.

日志文件是用来记录数据库更新操作(如使用 INSERT、UPDATE、DELETE 等命令对数据进行更改的操作)信息的文件。

设立日志文件的目的是进行事务故障恢复、进行系统故障恢复、协助备份进行介质故障恢复。

2.

把对数据的修改写到数据库中和把表示这个修改的日志记录写到日志文件中是两个不同的操作。有可能在这两个操作之间发生故障,即这两个写操作只完成了一个。

如果先写了数据库修改,而在运行记录中没有登记这个修改,则以后就无法恢复这个修改了。如果先写日志,但没有修改数据库,在恢复时只不过是多执行一次 UNDO 操作,并不会影响数据库的正确性。所以一定要先写日志文件,即首先把日志记录写到日志文件中,然后写数据库的修改。

3.

SQL Server 数据库由数据文件和日志文件组成。数据文件又可以包含主数据文件和次数据文件。主数据文件的扩展名为 MDF,次数据文件的扩展名为 NDF;日志文件的扩展名为 LDF。

4.

在 SQL Server 中,数据文件主要用于存放数据库数据。日志文件用来记录数据文件的分配和释放以及对数据库数据的修改等操作。

5.

在 SQL Server 中,主数据文件包含数据库的启动信息以及数据库数据,每个数据库只能包含一个主数据文件。而对于次数据文件,一个数据库可以有多个次数据文件。由于有些数据可能非常大,用一个主数据文件可能存放不下,因此需要有一个或多个次数据文件来存储这些数据。次文件可以建立在与主数据文件不同的多个磁盘驱动器上,这样就可以充分利用多个磁盘上的存储空间,从而提高数据存取的并发性。

6.

数据文件和日志文件默认的存放位置为 C:\Program Files\Microsoft SQL Server\MSSQL\Data 文件夹。

7.

在 SQL Server 中,数据的存储单位是页,一页大小为连续的 8KB 空间。

8.

在定义数据文件和日志文件时,可以指定如下属性:文件名及其位置、文件初始大小、文件增长方式、文件最终大小。

9.

在 SQL Server 管理平台中扩大数据空间有两种方法:一种是扩大数据库已有文件的大小;另一种是为数据库添加新的文件。

10.

最少一个主文件 MDF,一个日志文件 LDF,主要数据文件包含数据库的启动信息,并指向数据库中的其他文件。用户数据和对象可存储在此文件中,也可以存储在次要数据文件中。每个数据库有一个主要数据文件。主要数据文件的建议文件扩展名是 MDF。

11.

在 SQL 出现严重漏洞的时候,在改变 SQL 的根本配置的时候,在改变用户角色的时候,在强制修改 master 数据库的时候。

12.

修改模板库,在模板库中创建 users 表,以后新建的库就包含该表。

4.5 应用题

1.

(1) 建立 studentsdb 数据库。

```
CREATE DATABASE studentsdb
```

(2) 建立 student_info 表。

```
CREATE TABLE student_info
(   学号 CHAR(2),
    姓名 CHAR(8),
    性别 CHAR(2),
    出生日期 DATETIME,
    家庭住址 VARCHAR(50),
    备注 TEXT
)
```

(3) 建立 curriculum 表。

```
CREATE TABLE curriculum
(   课程编号 CHAR(4),
    课程名称 VARCHAR(50),
    学分 INT
)
```

(4) 建立 grade 表。

```
CREATE TABLE grade
(   学号 CHAR(4),
    课程编号 CHAR(4),
```

```
    分数 real
)
```

2. 代码如下：

（1）

```
CREATE DATABASE Sales
    on PRIMARY
(NAME = SalesDat01,
  FILENAME = 'C:\DB\SalesDat01.mdf'),
(NAME = SalesDat02,
  FILENAME = 'C:\DB\SalesDat02.ndf'),
FILEGROUP FileGrp1
(NAME = SalesDat11,
  FILENAME = 'D:\DB\SalesDat11.ndf'
),
(NAME = SalesDat12,
  FILENAME = 'D:\DB\SalesDat12.ndf'
),
(NAME = SalesDat13,
  FILENAME = 'D:\DB\SalesDat13.ndf'
)
```

（2）

```
ALTER DATABASE Sales
ADD LOG FILE
(NAME = SalesDat03,
 FILENAME = 'C:\DB\SalesLog2.ldf'
)
```

（3）

```
ALTER DATABASE Sales1
ADD FILE
(NAME = SalesLog2,
 FILENAME = 'C:\DB\SalesLog2.ndf',
 SIZE = 5MB,
 FILEGROWTH = 20 %
) TO FILEGROUP [PRIMARY]
```

（4）

```
ALTER DATABASESales SET SINGLE_USER
```

（5）

```
DROPDATABASE OldSales
```

3. 代码如下：

```
CREATE DATABASE GZGL
    ON
```

```
    PRIMARY
(NAME = gzgl_data,
 FILENAME = 'D:\gzgl\gzgl.mdf',
 SIZE = 5MB,
 MAXSIZE = 200MB,
 FILEGROWTH = 10 % )
LOG ON
(NAME = gzgl_log,
 FILENAME = 'D:\gzgl\gzgl.ldf',
 SIZE = 5MB,
 MAXSIZE = 100MB,
 FILEGROWTH = 2MB)
GO
```

4. 代码如下：

```
CREATE DATABASE xjgl
ON PRIMARY
( NAME = xjgl0_data,
    FILENAME = 'D:\xjgl\xjgl0.mdf',
    SIZE = 10MB,
FILEGROWTH = 15 % ),
( NAME = xjgl1_data,
    FILENAME = 'D:\xjgl\xjgl1.ndf',
    SIZE = 10MB,
    FILEGROWTH = 15 % ),
FILEGROUP xjgl_Group
( NAME = xjgl2_data,
    FILENAME = 'D:\xjgl\xjgl2.ndf',
    SIZE = 10MB,
    FILEGROWTH = 15 % ),
( NAME = xjgl3_data,
    FILENAME = 'D:\xjgl\xjgl3.ndf',
    SIZE = 10MB,
    FILEGROWTH = 15 % )
LOG ON
( NAME = xjgl_log,
    FILENAME = 'D:\ xjgl\xjgl.ldf ',
    SIZE = 5MB,
    FILEGROWTH = 15 % )
GO
```

第5章 表的管理

5.1 选择题

1. 定义数据表的字段时,"允许空"用于设置该字段是否可输入空值,实际上就是创建该字段的( )约束。

    A. 主键   B. 外键   C. 非空   D. CHECK

2. 下列关于表的叙述正确的是( )。

    A. 只要用户表没有被使用,则可将其删除   B. 用户表可以隐藏

    C. 系统表可以隐藏   D. 系统表可以删除

3. 下列关于主关键字叙述正确的是( )。

    A. 一个表可以没有主关键字

    B. 只能将一个字段定义为主关键字

    C. 如果一个表只有一个记录,则主关键字字段可以为空值

    D. 以上选项都正确

4. 下列关于关联的叙述正确的是( )。

    A. 可在两个表的不同数据类型的字段间创建关联

    B. 可在两个表的不同数据类型的同名字段间创建关联

    C. 可在两个表的相同数据类型的不同名称的字段间创建关联

    D. 在创建关联时选择了级联更新相关的字段,则外键表中的字段值变化时,可自动
       修改主键表中的关联字段

5. 使用 CREATE TABLE 语句创建数据表时( )。

    A. 必须在数据表名称中指定表所属的数据库

    B. 必须指明数据表的所有者

    C. 指定的所有者和表名称组合起来在数据库中必须唯一

    D. 省略数据表名称时,则自动创建一个本地临时表

6. 下列叙述错误的是( )。

    A. 一个数据表只能有一个标识字段

B. 数据表的 ROWGUIDCOL 字段的值可由 SQL Server 自动产生

C. 约束名称在数据库中必须是唯一的

D. 可在 CREATE TABLE 语句中使用 COLLATE 参数修改 int 类型数据的默认排序规则

7. 下列关于 ALTER TABLE 语句叙述错误的是(　　)。

A. ALTER TABLE 语句可以添加字段

B. ALTER TABLE 语句可以删除字段

C. ALTER TABLE 语句可以修改字段名称

D. ALTER TABLE 语句可以修改字段数据类型

8. 在 CREATE TABLE 语句中可以(　　)。

A. 创建计算列为非空值约束

B. 指定存放数据表的文件组

C. 单独为 text、ntext 和 image 类型字段指定不同的文件组

D. 创建新的文件组

9. 使用 ALTER TABLE 语句可以(　　)。

A. 同时修改字段数据类型和长度　　　　B. 修改计算列

C. 在添加字段时创建该字段的约束　　　　D. 同时删除字段和字段约束

10. 数据库表可以设置字段有效性规则属于(　　)。

A. 实体完整性范畴　　　　　　　　　　B. 参照完整性范畴

C. 数据一致性范畴　　　　　　　　　　D. 域完整性范畴

11. 下列用于定义字段的 SQL 语句中,错误的是(　　)。

A. 学号 varchar(10)　　　　　　　　　B. 成绩 int4

C. 产量 float　　　　　　　　　　　　D. 价格 decimal(8,4)

12. 可使用下列操作中的(　　)为字段输入 NULL 值。

A. 输入 NULL　　　　　　　　　　　　B. 输入<NULL>

C. 将字段清空　　　　　　　　　　　　D. 按 Ctrl+O 键

13. 下列叙述中错误的是(　　)。

A. 可以在设计过程中为关系图添加数据表

B. 可在关系图设计过程中为创建数据库创建新的数据表

C. 可在关系图设计过程中修改数据表字段定义

D. 在关系图设计过程中只能将数据表从关系图中移除,不能将其从数据库中删除

14. 若要删除数据库中已经存在的表 S,可用(　　)。

A. DELETE TABLE S　　　　　　　　　B. DELETE S

C. DROP TABLE S　　　　　　　　　　D. DROP S

15. 若要在基本表 S 中增加一列 CN(课程名),可用(　　)。

A. ADD TABLE S(CN CHAR(8))

B. ADD TABLE S ALTER(CN CHAR(8))

C. ALTER TABLE S ADD(CN CHAR(8))

D. ALTER TABLE S (ADD CN CHAR(8))

16. 学生关系模式 S(S♯,Sname,Sex,Age),S 的属性分别表示学生的学号、姓名、性别、年龄。要在表 S 中删除属性"年龄",可选用的 SQL 语句是(　　　)。

A. DELETE Age FROM S

B. ALTER TABLE S DROP Age

C. UPDATE S Age

D. ALTER TABLE S 'Age'

17. 有关系 S(S♯,SNAME,SAGE),C(C♯,CNAME),SC(S♯,C♯,GRADE)。其中 S♯ 是学生号,SNAME 是学生姓名,SAGE 是学生年龄,C♯ 是课程号,CNAME 是课程名称。要查询选修 Access 课的年龄不小于 20 岁的全体学生姓名的 SQL 语句是 SELECT SNAME FROM S,C,SC WHERE 子句。这里 WHERE 子句的内容是(　　　)。

A. S.S♯ = SC.S♯ and C.C♯ = SC.C♯ and SAGE >= 20 and CNAME = 'Access'

B. S.S♯ = SC.S♯ and C.C♯ = SC.C♯ and SAGE in >= 20 and CNAME in 'Access'

C. SAGE in >= 20 and CNAME in 'Access'

D. SAGE >= 20 and CNAME = 'Access'

18. 设关系数据库中一个表 S 的结构为 S(SN,CN,grade),其中 SN 为学生名,CN 为课程名,两者均为字符型;grade 为成绩,类型为数值型,取值范围为 0～100。若要把"张二的化学成绩 80 分"插入 S 中,则可用(　　　)。

A. ADD INTO S VALUES ('张二','化学','80')

B. INSERT INTO S VALUES ('张二','化学','80')

C. ADD INTO S VALUES ('张二','化学',80)

D. INSERT INTO S VALUES ('张二','化学',80)

19. 设关系数据库中一个表 S 的结构为 S(SN,CN,grade),其中 SN 为学生名,CN 为课程名,两者均为字符型;grade 为成绩,类型为数值型,取值范围为 0～100。若要更正王二的化学成绩为 85 分,则可用(　　　)。

A. UPDATE S SET grade=85 WHERE SN='王二' And CN='化学'

B. UPDATE S SET grade= '85' WHERE SN='王二'And CN='化学'

C. UPDATE grade=85 WHERE SN='王二' And CN='化学'

D. UPDATE grade='85' WHERE SN='王二' And CN='化学'

20. 若用如下 SQL 语句创建了一个表 SC:

```
CREATE TABLE SC
 ( S♯ char(6) NOT NULL,
   C♯ char(3) NOT NULL,
   SCORE int,
   NOTE char(20)
 )
```

向 SC 表插入如下行时,(　　　)行可以被插入。

A. ('201009','111',60,必修)　　　　　　B. ('200823','101',NULL,NULL)

C. (NULL,'103',80,'选修')　　　　　　D. ('201132',NULL,86,'')

21. 按照表的用途来分类,表可以分为(　　)两大类。

    A. 数据表和索引表　　　　　　　　　B. 系统表和数据表

    C. 用户表和非用户表　　　　　　　　D. 系统表和用户表

22. 有职工工资表(职工号、姓名、日期、基本工资、奖金、工资合计),其中"工资合计"等于同一行数据的"基本工资"与"奖金"之和,在职工工资表中插入一行数据时(设一次只插入一行数据)能实现自动计算"工资合计"列的值的代码是(　　)。

    A. ALTER TABLE 职工工资表

        ADD CHECK(工资合计=基本工资+奖金)

    B. UPDATE 职工工资表 SET 工资合计=基本工资+奖金

    C. INSERT INTO 职工工资表(工资合计) VALUES (基本工资+奖金)

    D. CREATE TRIGGER tgz

        ON 职工工资表

        FOR INSERT

        AS

        UPDATE 职工工资表 SET　工资合计=a.基本工资+a.奖金

        FROM 职工工资表 a JOIN INSERTED b ON a.职工号=b.职工号 AND

        a.日期=b.日期

23. 下列(　　)命令为删除 sample 数据库的 tb_name 表。

    A. DELETE FROM tb_name

    B. DELETE FROM sample.tb_name

    C. DROP TABLE sample.DBO.tb_name

    D. DROP TABLE sample.tb_name

24. 从表中删除一行或多行记录的语句是(　　)。

    A. UPDATE　　　　B. DELETE　　　　C. DROP　　　　D. INSERT

25. 下面(　　)Transact-SQL 语句可以创建一个数据表。

    A. ALTER TABLE　　　　　　　　　B. CREATE TABLE

    C. CREATE DATEBASE　　　　　　　D. ALTER VIEW

26. 关系数据库中,主键是(　　)。

    A. 为标识表中唯一的实体　　　　　　B. 创建唯一的索引,允许空值

    C. 只允许以表中第一字段建立　　　　D. 允许有多个主键的

27. 按照 SQL 功能上的分类标准,以下语句属于(　　)。

```
INSERT INTOEmp(fname,lname) VALUES('Jim', 'Smith')
```

    A. 数据定义语言(DDL)　　　　　　B. 数据查询语言(DQL)

    C. 数据操纵语言(DML)　　　　　　D. 数据控制语言(DCL)

28. 在 SQL Server 中,下列标识符可以作为本地临时表名的是(　　)。

    A. ##MyTable　　　　　　　　　　B. @@MyTable

    C. @MyTable　　　　　　　　　　　D. #MyTable

29. 数据表可以设置字段 Check 约束,这种约束属于(　　)。

　　A. 实体完整性范畴 　　　　　　　　　　 B. 参照完整性范畴

　　C. 数据一致性范畴 　　　　　　　　　　 D. 域完整性范畴

30. 在为 Students_db 数据库的 S_C_Info 表录入成绩数据时,必须使得数据满足表达式:0≤成绩≤100,以下(　　)方法可以解决这个问题。

　　A. 创建一个 DEFAULT 约束(或默认值)

　　B. 创建一个 CHECK 约束

　　C. 创建一个 UNIQUE 约束(或唯一值)

　　D. 创建一个 PRIMARY KEY 约束(或主键)

31. 学生成绩表 grade 中有字段 score(float),现在要把所有在 55～60 分的分数提高 5 分,以下 SQL 语句正确的是(　　)。

　　A. UPDATE grade SET score=score+5 WHERE score In 55..60

　　B. UPDATE grade SET score=score+5 WHERE score>=55 And score<=60

　　C. UPDATE grade SET score=score+5 WHERE score Between 55 or 60

　　D. UPDATE grade SET score=score+5 WHERE score<=55 And score>=60

32. 下列关于表的叙述正确的是(　　)。

　　A. 只要用户表没有人使用,则可将其删除

　　B. 用户表可以隐藏

　　C. 系统表可以隐藏

　　D. 系统表可以删除

33. INSERT INTO Goods(Name,Storage,Price) VALUES('Computer',3000,3090.00)的作用是(　　)。

　　A. 添加数据到一行中的所有列 　　　　 B. 插入默认值

　　C. 添加数据到一行中的指定列 　　　　 D. 插入多个行

34. 下面有关主键的叙述正确的是(　　)。

　　A. 不同的记录可以具有重复的主键值或空值

　　B. 一个表中的主键可以是一个或多个字段

　　C. 在一个表中主键只可以是一个字段

　　D. 表中的主键的数据类型必须定义为自动编号或文本

35. 关于关系图,下列说法正确的是(　　)。

　　A. 关系图是在同一个表中不同字段之间建立关联

　　B. 关系图是表与表之间建立关联,与字段无关

　　C. 关系图是在不同表中的字段之间建立关联

　　D. 关系图是在不同数据库之间建立关联

36. 表在数据库中是一个非常重要的数据对象,它是用来(　　)各种数据内容的。

　　A. 显示 　　　　　 B. 查询 　　　　　 C. 存放 　　　　　 D. 检索

37. 若要删除 booklist 表中列 bookname 值为 book1 和 book2 的所有数据,以下语句删除不成功的是(　　)。

　　A. DELETE booklist WHERE bookname In ('book1','book2')

  B. DELETE booklist WHERE（bookname＝'book1'）Or（bookname＝'book2'）

  C. DELETE booklist WHERE bookname＝'book1' Or bookname＝'book2'

  D. DELETE booklist WHERE bookname＝'book1' And bookname＝'book2'

38. SQL Server 中（ ）语句能将 temp 表中的 hostname 字段扩充为 varchar(100)。

  A. ALTER TABLE temp ALTER COLUMN hostname varchar(1100)

  B. ALTER TABLE temp COLUMN hostname varchar(100)

  C. ALTER TABLE temp ALTER COLUMN of hostname varchar(100)

  D. ALTER TABLE temp ADD COLUMN hostname varchar(100)

39. 一般情况下，以下（ ）字段可以作为主关键字。

  A. 基本工资   B. 职称   C. 姓名   D. 身份证号码

40. 不允许数据库表在指定列上具有相同的值，且不允许有空值，这属于（ ）约束。

  A. DEFAULT 约束   B. CHECK 约束

  C. PRIMARY KEY 约束   D. FOREIGN KEY 约束

41. SQL 中，删除一个表中所有数据，但保留表结构的命令是（ ）。

  A. DELETE   B. CLEAR   C. DROP   D. REMORE

42. 若在员工数据表中，希望把工资字段的取值范围限定在 2000～4000，则可在工资字段上建立（ ）。

  A. CHECK 约束   B. 唯一约束   C. 默认约束   D. 主键约束

43. 使用 SQL 命令将学生表 Student 中的学生年龄 Age 字段的值增加 1 岁，应该使用的命令是（ ）。

  A. REPLACE Age WITH Age＋1

  B. UPDATE Student Age WITH Age＋1

  C. UPDATE SET Age WITH Age＋1

  D. UPDATE Student SET Age＝Age＋1

44. 关于 UPDATE 语句，下列说法正确的是（ ）。

  A. UPDATE 一次只能修改一列的值

  B. UPDATE 只能修改不能赋值

  C. UPDATE 可以指定要修改的列和想赋予的新值

  D. UPDATE 不能加 WHERE 条件

45. 若要删除数据库中已经存在的表 S，可用（ ）。

  A. DELETE TABLE S   B. DELETE S

  C. DROP TABLE S   D. DROP S

46. 若 student 表中包含主键 sudentid，并且其中有 studentid 为 100 和 101 的记录，则执行语句：

UPDATE student SET studentid = 101 WHERE studentid = 100

结果可能是（ ）。

  A. 错误提示：主键列不能更新   B. 更新了一条数据

  C. 错误提示：违反主键约束   D. 既不提示错误，也不更新数据

47. 在 SQL Server 数据库中,已有数据表 student,可以删除该表数据的命令是(   )。

    A. DROP FROM student   B. DELETE FROM student

    C. REMOVE FROM student   D. KILL FROM student

48. 在 Transact-SQL 语法中,用来插入和更新数据的命令是(   )。

    A. INSERT,UPDATE   B. DELETE,INSERT

    C. DELETE,UPDATE   D. CREATE,INSERT

49. 可使用下列操作中的(   )为字段输入 NULL 值。

    A. 输入 NULL   B. 输入< NULL >

    C. 将字段清空   D. 按 Ctrl+0 键

50. 在 SQL Server 中,有教师表(教师号,姓名,职称,工资)。现要为教授的工资增加 400 元,下列语句中正确的是(   )。

    A. UPDATE 教师表 SET 工资=工资+400

        WHERE 职称='教授'

    B. UPDATE 教师表 WITH 工资=工资+400

        WHERE 职称='教授'

    C. UPDATE FROM 教师表 SET 工资=工资+400

        WHERE 职称='教授'

    D. UPDATE 教师表 SET 工资+400

        WHERE 职称='教授'

51. 当运用 Transact-SQL 语句创建主键时,可以是(   )。

    A. CREATE TABLE table1

        (c1 char(13) NOT NULL PRIMARY,

        c2 int not)

        ON PRIMARY

    B. ALTER TABLE table1

        ADD CONSTRAINT [PK_table1] PRIMARY KEY nonclustered (c1)

    C. ALTER TABLE table1 c1 PRIMARY KEY

    D. 以上选项都可以

52. 为 studentdb 数据库的 student_info 表的"学号"列添加有效性约束,学号最左边的两位字符是 01,正确的 SQL 语句是(   )。

    A. CREATE TABLE student_info add constraint 学号 CHECK(Left(学号,2)='01')

    B. ALTER TABLE student_info ADD CONSTRAINT 学号 CHECK(Left(学号,2)='01')

    C. ALTER TABLE student_info ALTER 学号 CHECK(Left(学号,2)='01')

    D. CREATE TABLE student_info ALTER 学号 CHECK(Left(学号,2)='01')

5.2 填空题

1. 整数型的 int 型数的范围为_____,整数型的 tinyint 型数的范围为_____。

2. 货币型的 smallmoney 型数的范围为_____。

3. 表中某列为变长字符数据类型 varchar(100)，其中 100 表示_____。假如输入的字符串为 gtym13e5，存储的字符长度为_____字节。

4. SQL Server 中的数据类型通常是指字段列、存储过程参数和_____的数据特征。

5. varchar 数据类型可以自动去掉字段或变量尾部的_____以节省空间。

6. SQL Server 2012 的 datetime 和 smalldatetime 数据类型主要用来存储_____和_____的组合数据。

7. 在 SQL Server 2012 中，通常使用_____数据类型来表示逻辑数据。

8. SQL Server 2012 规定了两种类型的标识符，即_____和_____。

9. SQL Server 2012 中的整数类型包括_____、_____、_____和_____4 种。

10. SQL Server 2012 中的整数类型分别为 bigint、int、smallint 和 tinyint，它们分别占用_____、_____、_____和_____个字节。

11. SQL Server 2012 中的数据类型主要包括_____、_____、_____、_____、字符串、Unicode 字符串等数据类型。

12. 在 Transact-SQL 语句中需要把日期时间型数据常量用_____括起来。

13. SQL Server 2012 的数据表可分为_____和_____两种类型。

14. 表的关联就是_____约束。

15. 如果一个表作为关联的主键表，则该表_____删除。

16. 在 SQL Server 2012 中，一个数据表的完整名称包括_____、_____和_____3 部分，其中_____和_____可以省略。

17. SQL Server 2012 数据表名称最多为_____个字符。

18. ALTER TABLE 语句不能修改数据表的_____和_____。

19. 删除数据表使用的 SQL 语句为_____。

20. 修改数据表的字段名称可使用系统存储过程_____。

21. 在设计关系图时，如果数据表名称后显示一个星号(＊)，则表明当前关系图的修改没有_____。

22. 在关系图中，关系连线的终点图标代表了关系的类型。如果关系连线两端都为钥匙图标，则该关系为_____。如果关系连线一端为钥匙图标，另一端为无穷大图标，则该关系为_____。

23. 关系图中的关系连线如果为实线，则表示_____；如果为虚线，则表示_____。

24. 在关系图中，如果以"标准"方式显示数据表，则可显示数据表的名称和字段的_____、_____和是否允许空等属性。

25. Transact-SQL 中添加记录使用_____语句，修改记录使用_____语句。

26. Transact-SQL 中删除记录可使用_____或_____语句。

5.3 判断题

1. 在创建表时，不能指定将表放在某个文件上，只能指定将表放在某个文件组上。如果希望将某个表放在特定的文件上，那么必须通过创建文件组来实现。

2. 当用户定义的数据类型正在被某个表的定义引用时，这些数据类型不能被删除。

3. 服务器允许用户指定时间戳值。

4. 空值不同于空字符串或数值零,通常表示未填写、未知(Unknown)、不可用或将在以后添加的数据。

5. SQL Server 通过限制列中数据、行中数据和表之间数据来保证数据的完整性。

6. 每个表至多可定义 256 列。

7. ALTER TABLE 语句可直接修改数据类型为 text、ntext、timestamp 或 image 的列。

8. 删除表时,与该表相关联的规则和约束不会被删除。

9. 使用 INSERT...VALUES 语句一次可以为表插入多行。

10. 如果对行的更新违反了某个约束或规则,或者新值的数据类型与列不兼容,则取消该语句、返回错误并且不更新任何记录。

5.4 应用题

假设有下面两个关系模式:

职工(职工号,姓名,年龄,职务,工资,部门号),其中职工号为主关键字。

部门(部门号,名称,经理名,电话),其中部门号为主关键字。

用 SQL 定义这两个关系模式,要求在模式中完成以下完整性约束条件的定义:

(1) 定义每个模式的主关键字。

(2) 定义参照完整性。

(3) 定义职工年龄不得超过 60 岁。

参 考 答 案

5.1 选择题

1. C	2. C	3. A	4. C	5. C	6. D
7. C	8. D	9. A	10. D	11. B	12. A
13. D	14. C	15. C	16. B	17. A	18. D
10. A	20. B	21. D	22. D	23. C	24. B
25. B	26. A	27. C	28. D	29. D	30. B
31. B	32. C	33. C	34. B	35. C	36. C
37. D	38. A	39. D	40. C	41. A	42. A
43. SQL	44. C	45. C	46. C	47. B	48. A
49. D	50. A	51. B	52. B		

5.2 填空题

1. -2 147 483 468~2 147 483 647、0~255

2. -2 147 483 648~2 147 483 647

3. 字符　8

4. 局部变量

5. 空格

6. 日期　时间

7. bit

8. 常规标识符　分隔标识符

9. bigint　int　smallint　tinyint

10. 8　4　2　1

11. 精确数字　近似数字　二进制字符串　日期和时间

12. 单引号

13. 系统表　用户表

14. 外键约束

15. 不能

16. 数据库　架构　数据表　数据库　架构

17. 128

18. 表名　字段名或列名

19. DROP TABLE

20. sp_rename

21. 保存

22. 一对一　一对多

23. 在外键表中添加或修改记录时将强制关系的引用完整性　不强制关系的引用完整性

24. 数据类型　长度

25. INSERT　UPDATE

26. DELETE　TRUNCATE TABLE

5.3　判断题

1. 正确　　2. 正确　　3. 错误　　4. 正确　　5. 正确

6. 错误　　7. 错误　　8. 错误　　9. 错误　　10. 正确

5.4　应用题

代码如下：

```
CREATE TABLE DEPT
(Deptno NUMBER(2),
Deptname VARCHAR(10),
Manager VARCHAR(10),
phoneNumber Char(12)
CONSTRAINT PK_SC PRIMARY KEY (Deptno))
CREATE TABIE EMP
(Empno NUMBER(4),
Ename VARCHAR(10),
Age NUMBER(2),
CONSTRAINT Cl CHECK (Age <= 60),
Job VARCHAR(9),
Sal NUMBER(7,2),
Deptno NUMBER(2),
CONSTRAINT FK_DEPINO
FOREIGN KEY (Deptno)
REFERENCES DEPT(Deptno))
```

第6章 数据查询

6.1 选择题

1. 设 A、B 两个表的记录数分别为 3 和 4,对两个表执行交叉连接查询,查询结果中最多可获得(　　)条记录。

    A. 3　　　　　　　　B. 4　　　　　　　　C. 12　　　　　　　　D. 81

2. 如果查询的 SELECT 子句为 SELECT A,B,C * D,则不能使用 GROUP BY 子句的是(　　)。

    A. GROUP BY A　　　　　　　　　　B. GROUP BY A,B

    C. GROUP BY A,B,C * D　　　　　　　D. GROUP BY A,B,C,D

3. 关于查询语句中 ORDER BY 子句使用正确的是(　　)。

    A. 如果未指定排序字段,则默认按递增排序

    B. 表的字段都可用于排序

    C. 如果在 SELECT 子句中使用了 DISTINCT 关键字,则排序字段必须出现在查询结果中

    D. 联合查询不允许使用 ORDER BY 子句

4. 在 SQL 的查询语句中,GROUP BY 选项实现(　　)功能。

    A. 统计　　　　　　B. 求和　　　　　　C. 排序　　　　　　D. 分组

5. 下列函数中,返回值数据类型为 int 的是(　　)。

    A. LEFT　　　　　　　　　　　　B. LEN

    C. LTRIM　　　　　　　　　　　D. SUBSTRING

第 6～12 题使用实验 2 建立的 studentsdb 数据库。

6. 使用查询语句:

SELECT 课程编号,MAX(分数) FROM grade GROUP BY 课程编号

查询结果的记录数有(　　)。

    A. 2　　　　　　　　B. 3　　　　　　　　C. 4　　　　　　　　D. 5

7. 使用查询语句:

```
SELECT 学号,COUNT( * ) FROM grade
  WHERE 分数> = 75
  GROUP BY 学号 HAVING COUNT( * )> = 2
  ORDER BY 学号 DESC
```

查询结果中的第一条记录中的学号是(   )。

    A. 0002   B. 0003   C. 0001   D. 无查询结果

8. 使用查询语句:

```
SELECT student_info.学号,student_info.姓名,SUM(分数)
  FROM student_info,grade
  WHERE student_info.学号 = grade.学号
  GROUP BY student_info.学号,student_info.姓名
```

查询结果是(   )。

    A. 按学号分类的每个学生所有课程成绩的总分

    B. 按学号分类的每个学生各课程成绩

    C. 全体学生的按各课程分类的成绩总分

    D. 所有学生所有课程成绩总分

9. 有以下查询语句:

```
SELECT MAX(分数) AS 最高分
 FROM student_info,curriculum,grade
 WHERE student_info.学号 = grade.学号
  And curriculum.课程编号 = grade.课程编号
  And 课程名称 = 'SQL Server 数据库及应用'
```

查询的结果是(   )。

    A. 82   B. 87   C. 78   D. 90

10. 查询选修了课程编号为 0002 的学生的学号和姓名,以下 SQL 语句中错误的是(   )。

    A. SELECT 学号,姓名 FROM student_info

        WHERE 学号＝(SELECT 学号 FROM grade WHERE 课程编号 = '0002')

    B. SELECT student_info.学号,student_info.姓名

        FROM student_info,grade

        WHERE student_info.学号＝grade.学号 AND 课程编号＝'0002'

    C. SELECT student_info.学号,student_info.姓名

        FROM student_info JOIN grade ON student_info.学号＝grade.学号

        WHERE grade.课程编号＝'0002'

    D. SELECT 学号,姓名 FROM student_info

        WHERE 学号 IN (SELECT 学号 FROM grade WHERE 课程编号＝'0002')

11. 将 0002 同学的 0003 课程成绩加 3 分,下面 SQL 语句正确的是(   )。

    A. UPDATE grade SET 分数 = 分数 + 3

    B. UPDATE grade SET 分数 = 分数 + 3

WHERE 学号＝'0002' AND 课程编号＝'0003'

    C. UPDATE grade SET 分数 ＝ 3

    D. UPDATE grade SET 分数 ＝ 3

        WHERE 学号＝'0002' AND 课程编号＝'0003'

12. 查询每门课程的最高分,要求得到的信息包括课程名称和分数,正确的命令是(   )。

    A. SELECT 课程名称,SUM(分数) AS 分数

       FROM curriculum,grade

       WHERE curriculum. 课程编号＝grade. 课程编号

       GROUP BY 课程名称

    B. SELECT 课程名称,MAX(分数) 分数

       FROM curriculum,grade

       WHERE curriculum. 课程编号＝grade. 课程编号

       GROUP BY 课程名称

    C. SELECT 课程名称,SUM(分数) 分数

       FROM curriculum,grade

       WHERE curriculum. 课程编号＝grade. 课程编号

       GROUP BY curriculum. 课程编号

    D. SELECT 课程名称,MAX(分数) AS 分数

       FROM curriculum,grade

       WHERE curriculum. 课程编号＝grade. 课程编号

       GROUP BY curriculum. 课程编号

在实验 2 建立的 studentsdb 数据库中,修改 student_info 表,为其添加一列"院系 char(8)";修改 curriculum 表,为其添加一列"开课院系 char(8)",完成 13～15 题。

13. 统计只有 2 名以下(含 2 名)学生选修的课程情况,统计结果中的信息包括课程名称、开课院系和选修人数,并按选课人数排序。正确的命令是(   )。

    A. SELECT 课程名称,开课院系,COUNT(课程编号) AS 选修人数

       FROM grade,curriculum

       WHERE curriculum. 课程编号＝grade. 课程编号

       GROUP BY grade. 课程编号 HAVING COUNT(*)<=2

       ORDER BY COUNT(课程编号)

    B. SELECT 课程名称,开课院系,COUNT(学号) 选修人数

       FROM grade,curriculum

       WHERE curriculum. 课程编号＝grade. 课程编号

       GROUP BY grade. 学号 HAVING COUNT(*)<=2

       ORDER BY COUNT(学号)

    C. SELECT 课程名称,开课院系,COUNT(学号) AS 选修人数

       FROM grade,curriculum

       WHERE curriculum. 课程编号＝grade. 课程编号

       GROUP BY 课程名称,开课院系 HAVING COUNT(学号)<=2

       ORDER BY 选修人数

D. SELECT 课程名称,开课院系,COUNT(学号) AS 选修人数

        FROM grade,curriculum

        HAVING COUNT(课程编号)<=2 GROUP BY 课程名称

        ORDER BY 选修人数

14. 向 student_info 表插入一条记录的正确命令是(　　　)。

    A. APPEND INTO student_info

       VALUES('0009','张三','男','管理','1999-10-28')

    B. INSERT INTO student_info(学号,姓名,性别,出生日期,院系)

       VALUES('0009','张三','男','1999-10-28','管理')

    C. APPEND INTO student_info(学号,姓名,性别,出生日期,院系)

       VALUES('0009','张三','男','1999-10-28','管理')

    D. INSERT INTO student_info

       VALUES('0009','张三','男','1999-10-28')

15. 使用 SQL 语句从 student_info 表中查询所有姓"张"的同学的信息,正确的命令是(　　　)。

    A. SELECT * FROM student_info WHERE LEFT(姓名,1)='张'

    B. SELECT * FROM student_info WHERE RIGHT(姓名,1)='张'

    C. SELECT * FROM student_info WHERE TRIM(姓名,2)='张'

    D. SELECT * FROM student_info WHERE STR(姓名,2)='张'

16. 下列关于执行查询的叙述正确的是(　　　)。

    A. 如果没有选中的命令,则只执行最前面的第一条命令

    B. 如果有多条命令选择,则只执行选中命令中的第一条命令

    C. 如果查询中多条命令有输出,则按顺序显示所有结果

    D. 以上选项都正确

17. 下列关于查询结果的叙述错误的是(　　　)。

    A. 查询结果可以显示在表格中

    B. 查询结果可以按文本方式显示

    C. 以文本和表格显示的查询结果在保存时,其文件格式不同

    D. 不管以哪种方式查看,结果都会显示在查询结果窗口中

18. 对于某语句的条件 WHERE Sdept LIKE '[CS]her%y',将筛选出以下(　　　)值。

    A. CSherry   B. Sherriey   C. Chers   D. [CS]Herry

19. 下列关于 INSERT 语句的使用正确的是(　　　)。

    A. 可以在 INSERT 语句的 VALUES 项指定计算列的值

    B. 可以使用 INSERT 语句插入一个空记录

    C. 如果没有为列指定数据,则列值为空值

    D. 如果列设置了默认值,则可以不为该列提供数据

20. 下面关于 UPDATE 语句的叙述错误的是(　　　)。

    A. 可以使用 DEFAULT 关键字将列设置为默认值

    B. 可以使用 NULL 关键字将列设置为空值

C. 可使用 UPDATE 语句同时修改多个记录

D. 如果 UPDATE 语句中没有指定搜索条件,则默认只能修改第一条记录

第 21~28 题使用如下 3 个表:

部门(部门号 char(8),部门名 char(12),负责人 char(6),电话 char(16))

职工(部门号 char(8),职工号 char(10),姓名 char(8),性别 char(2),出生日期(Datetime)

工资(职工号 char(10),基本工资 numeric(8,2),津贴 numeric(8,2),奖金 numeric(8,2),扣除 numeric(8,2))

21. 查询职工实发工资的正确命令是( )。

    A. SELECT 姓名,(基本工资+津贴+奖金-扣除)AS 实发工资 FROM 工资

    B. SELECT 姓名,(基本工资+津贴+奖金-扣除) AS 实发工资

       FROM 工资

       WHERE 职工.职工号=工资.职工号

    C. SELECT 姓名,(基本工资+津贴+奖金-扣除) AS 实发工资

       FROM 工资,职工

       WHERE 职工.职工号=工资.职工号

    D. SELECT 姓名,(基本工资+津贴+奖金-扣除) AS 实发工资

       FROM 工资 JOIN 职工

       WHERE 职工.职工号=工资.职工号

22. 查询 1962 年 10 月 27 日出生的职工信息的正确命令是( )。

    A. SELECT * FROM 职工 WHERE 出生日期={1962-10-27}

    B. SELECT * FROM 职工 WHERE 出生日期=1962-10-27

    C. SELECT * FROM 职工 WHERE 出生日期= "1962-10-27"

    D. SELECT * FROM 职工 WHERE 出生日期= '1962-10-27'

23. 查询每个部门年龄最长者的信息,要求得到的信息包括部门名和年龄最大者的出生日期,正确的命令是( )。

    A. SELECT 部门名,MIN(出生日期)

       FROM 部门 JOIN 职工 ON 部门.部门号=职工.部门号

       GROUP BY 部门名

    B. SELECT 部门名,MAX(出生日期)

       FROM 部门 JOIN 职工 ON 部门.部门号=职工.部门号

       GROUP BY 部门名

    C. SELECT 部门名,MIN(出生日期)

       FROM 部门 JOIN 职工

       WHERE 部门.部门号=职工.部门号

       GROUP BY 部门名

    D. SELECT 部门名,MAX(出生日期)

       FROM 部门 JOIN 职工

       WHERE 部门.部门号=职工.部门号

       GROUP BY 部门名

24. 查询有 10 名以上(含 10 名)职工的部门信息(部门名和职工人数),并按职工人数
降序排序。正确的命令是(　　)。

    A. SELECT 部门名,COUNT(职工号)AS 职工人数

       FROM 部门,职工

       WHERE 部门. 部门号＝职工. 部门号

       GROUP BY 部门名 HAVING COUNT(＊)>=10

       ORDER BY COUNT(职工号) ASC

    B. SELECT 部门名,COUNT(部门号)AS 职工人数

       FROM 部门,职工

       WHERE 部门. 部门号＝职工. 部门号

       GROUP BY 部门名 HAVING COUNT(＊)>=10

       ORDER BY COUNT(职工号) DESC

    C. SELECT 部门名,COUNT(职工号)AS 职工人数

       FROM 部门,职工

       WHERE 部门. 部门号＝职工. 部门号

       GROUP BY 部门名 HAVING COUNT(＊)>=10

       ORDER BY 职工人数 ASC

    D. SELECT 部门名,COUNT(职工号)AS 职工人数

       FROM 部门,职工

       WHERE 部门. 部门号＝职工. 部门号

       GROUP BY 部门名 HAVING COUNT(＊)>=10

       ORDER BY 职工人数 DESC

25. 查询所有目前年龄在 35 岁以上(不含 35 岁)的职工信息(姓名、性别和年龄),正确
的命令是(　　)。

    A. SELECT 姓名,性别,YEAR(GETDATE())-YEAR(出生日期)年龄

       FROM 职工

       WHERE 年龄> 35

    B. SELECT 姓名,性别,YEAR(GETDATE())-YEAR(出生日期) 年龄

       FROM 职工

       WHERE YEAR(出生日期)> 35

    C. SELECT 姓名,性别,YEAR(GETDATE())-YEAR(出生日期) 年龄

       FROM 职工

       WHERE YEAR(GETDATE())-YEAR(出生日期)> 35

    D. SELECT 姓名,性别,年龄＝YEAR(date())-YEAR(出生日期)

       FROM 职工

       WHERE YEAR(GETDATE())-YEAR(出生日期)> 35

26. 为"工资"表增加一个"实发工资"列的正确命令是(　　)。

    A. MODIFY TABLE 工资

       ADD COLUMN 实发工资 Numeric(9,2)

B. MODIFY TABLE 工资

ADD FIELD 实发工资 Numeric(9,2)

C. ALTER TABLE 工资

ADD 实发工资 Numeric(9,2)

D. ALTER TABLE 工资

ADD FIELD 实发工资 Numeric(9,2)

27. 查询职工号尾字符是"1"的正确命令是(　　　)。

A. SELECT * FROM 职工

WHERE substring(职工号,8)='1'

B. SELECT * FROM 职工

WHERE Substring(职工号,8,1)='1'

C. SELECT * FROM 职工

WHERE 职工号 like '%1'

D. SELECT * FROM 职工

WHERE RIGHT(职工号,8)='1'

28. 有 SQL 语句：

```
SELECT * FROM 工资
WHERE NOT (基本工资>3000 OR 基本工资<2000)
```

与该语句等价的 SQL 语句是(　　　)。

A. SELECT * FROM 工资

WHERE 基本工资 BETWEEN 2000 AND 3000

B. SELECT * FROM 工资

WHERE 基本工资>2000 AND 基本工资<3000

C. SELECT * FROM 工资

WHERE 基本工资>2000 OR 基本工资<3000

D. SELECT * FROM 工资

WHERE 基本工资<=2000 AND 基本工资>=3000

29. 有 SQL 语句：

```
SELECT 部门.部门名,COUNT(*) AS 部门人数
FROM 部门,职工
WHERE 部门.部门号 = 职工.部门号
GROUP BY 部门.部门名
```

与该语句等价的 SQL 语句是(　　　)。

A. SELECT 部门.部门名,COUNT(*) AS 部门人数

FROM 职工 INNER JOIN 部门 部门.部门号=职工.部门号

GROUP BY 部门.部门名

B. SELECT 部门.部门名,COUNT(*) AS 部门人数

FROM 职工 INNER JOIN 部门 ON 部门号

GROUP BY 部门.部门名

C. SELECT 部门.部门名,COUNT(＊) AS 部门人数

   FROM 职工 INNER JOIN 部门 ON 部门.部门号＝职工.部门号

   GROUP BY 部门.部门名

  D. SELECT 部门.部门名,COUNT(＊) AS 部门人数

   FROM 职工 INNER JOIN 部门 ON 部门.部门号＝职工.部门号

30. 有以下 SQL 语句：

```
SELECT DISTINCT 部门号
FROM 职工
WHERE 出生日期< ALL (SELECT 出生日期 FROM 职工 WHERE 部门号 = '02')
```

与该语句等价的 SQL 语句是( )。

  A. SELECT DISTINCT 部门号

   FROM 职工

   WHERE 出生日期<(SELECT MIN(出生日期) FROM 职工 WHERE 部门号＝'02')

  B. SELECT DISTINCT 部门号

   FROM 职工

   WHERE 出生日期<(SELECT MAX(出生日期) FROM 职工 WHERE 部门号＝'02')

  C. SELECT DISTINCT 部门号

   FROM 职工

   WHERE 出生日期< ANY (SELECT 出生日期 FROM 职工 WHERE 部门号＝'02')

  D. SELECT DISTINCT 部门号

   FROM 职工

   WHERE 出生日期< SOME (SELECT 出生日期 FROM 职工 WHERE 部门号＝'02')

31. 假设数据表"职工"表中有 10 条记录,获得职工表最前面两条记录的命令为( )。

  A. SELECT 2 ＊ FROM 职工

  B. SELECT TOP 2 ＊ FROM 职工

  C. SELECT PERCENT 2 ＊ FROM 职工

  D. SELECT PERCENT 20 ＊ FROM 职工

32. 两表之间"临时性"联系称为关联。在两个表之间的关联已经建立的情况下,有关 "关联"的正确叙述是( )。

  A. 建立关联的两个表一定在同一个数据库中

  B. 两表之间"临时性"联系是建立在两表之间"永久性"联系基础之上的

  C. 当父表记录指针移动时,子表记录指针按一定的规则跟随移动

  D. 当关闭父表时,子表自动被关闭

33. 在 SQL 语句中,与表达式"工资 BETWEEN 1210 AND 1240"功能相同的表达式 是( )。

  A. 工资>＝1210 AND 工资<＝1240   B. 工资>1210 AND 工资<1240

C. 工资<=1210 AND 工资>1240　　　　D. 工资>=1210 OR 工资<=1240

34. 在 SQL 语句中，与表达式"仓库号 NOT IN（'wh1'，'wh2'）"功能相同的表达式是（　　）。

  A. 仓库号＝'wh1' AND 仓库号＝'wh2'

  B. 仓库号!＝'wh1' OR 仓库号 ♯ 'wh2'

  C. 仓库号<>'wh1' OR 仓库号!＝'wh2'

  D. 仓库号!＝'wh1' AND 仓库号!＝'wh2'

35. 在 SQL 的 SELECT 语句中用于实现关系的选择运算的短语是（　　）。

  A. FOR   B. WHILE   C. WHERE   D. CONDITION

36. 使用 SQL 语句进行分组检索时，为了去掉不满足条件的分组，应当（　　）。

  A. 使用 WHERE 子句

  B. 在 GROUP BY 后面使用 HAVING 子句

  C. 先使用 WHERE 子句，再使用 HAVING 子句

  D. 先使用 HAVING 子句，再使用 WHERE 子句

37. 在 Transact-SQL 中，SELECT 语句使用关键字（　　）可以屏蔽重复行。

  A. DISTINCT   B. UNION   C. ALL   D. ONLY 1

38. 学生选课信息表为 sc(sno, cno, grade)，主码为(sno, cno)，从学生选课信息表中找出无成绩的元组的 SQL 语句是（　　）。

  A. SELECT ＊ FROM sc WHERE grade＝NULL

  B. SELECT ＊ FROM sc WHERE grade IS ''

  C. SELECT ＊ FROM sc WHERE grade ＝''

  D. SELECT ＊ FROM sc WHERE grade IS NULL

39. 当关系 R 和 S 自然连接时，能够把 R 和 S 原该舍弃的元组放到结果关系中的操作是（　　）。

  A. 左外连接   B. 右外连接   C. 内连接   D. 外连接

40. 创建一个名为 customers 的新表，同时要求该表中包含表 clients 的所有记录，其 SQL 语句是（　　）。

  A. SELECT ＊ INTO customers FROM clients

  B. SELECT INTO customers FROM clients

  C. INSERT INTO customers SELECT ＊ FROM clients

  D. INSERT customers SELECT ＊ FROM clients

41. 对于表 EMP(ENO,ENAME,SALARY,DNO)，其属性分别表示职工的工号、姓名、工资和所在部门的编号；对于表 DEPT(DNO,DNAME)，其属性分别表示部门的编号和部门名。

有 SQL 语句：

`SELECTCOUNT(DISTINCT DNO) FROM EMP`

其功能是（　　）。

  A. 统计职工的总人数

B. 统计每一部门的职工人数

    C. 统计职工服务的部门数目

    D. 统计每一职工服务的部门数目

42. 有教师表(教师号,姓名,所在系,工资),找出系内教师平均工资高于全体教师平均工资的系信息,正确的语句是(　　)。

    A. SELECT 所在系,AVG(工资) FROM 教师表

       WHERE AVG(工资)>(SELECT AVG(工资) FROM 教师表)

    B. SELECT 所在系,AVG(工资) FROM 教师表

       WHERE AVG(工资)>(SELECT AVG(工资) FROM 教师表)

       GROUP BY 工资

    C. SELECT 所在系,AVG(工资) FROM 教师表

       GROUP BY 所在系

       HAVING AVG(工资)>(SELECT AVG(工资) FROM 教师表)

    D. SELECT 所在系,AVG(工资) FROM 教师表

       GROUP BY 所在系

       WHERE AVG(工资)>(SELECT AVG(工资) FROM 教师表)

43. 成绩表 grade 中字段 st_id 代表学号,score 代表分数,以下(　　)语句返回成绩表中的最低分。

    A. SELECT MAX(score) FROM grade

    B. SELECT TOP 1 score FROM grade ORDER BY score ASC

    C. SELECT st_id, MIN(score) FROM grade

    D. SELECT TOP 1 score FROM grade ORDER BY score DESC

44. 在 SQL Server 中,下列函数的返回值的数据类型为 INT 的是(　　)。

    A. LEFT   B. SUBSTRING

    C. GETDATE   D. YEAR

45. 在 SQL Server 中,对于某语句的条件 WHERE p_name LIKE '[王张李]小%',将筛选出以下(　　)值。

    A. 李敏莉   B. 刘小芳   C. 张小军   D. 王大民

46. 下列聚合函数中,引用正确的是(　　)。

    A. SUM(＊)   B. COUNT(＊)   C. MAX(＊)   D. AVG(＊)

47. 如果要查询比某个子集中最小值大的所有记录,在 WHERE 子句中应使用(　　)运算符。

    A. > ANY   B. > ALL   C. < ANY   D. < ALL

48. 在 SQL Server 中,下面(　　)符号不是 SELECT 语句中 LIKE 子句的有效通配符。

    A. %   B. _   C. ＊   D. ^

49. 如果要查询比某个子集中最大值大的所有记录,在 WHERE 子句中应使用(　　)运算符。

    A. > ANY   B. > ALL   C. < ANY   D. < ALL

50. 有表 score(st_id，names，Math，English，VB)，下列语句中正确的是( )。

    A. SELECT st_id，SUM(Math) FROM score

    B. SELECT SUM(math)，AVG(VB) FROM score

    C. SELECT ＊，SUM(English) FROM score

    D. DELETE ＊ FROM score

51. 要查询 book 表中所有书名中包含"计算机"的书籍情况，可用( )语句。

    A. SELETE ＊ FROM book WHERE book_name LIKE '＊计算机＊'

    B. SELETE ＊ FROM book WHERE book_name LIKE '%计算机%'

    C. SELETE ＊ FROM book WHERE book_name ='＊计算机＊'

    D. SELETE ＊ FROM book WHERE book_name ='%计算机%'

52. SELECT 语句中通常与 HAVING 子句同时使用的是( )子句。

    A. ORDER BY   B. WHERE

    C. GROUP BY   D. 以上选项都不是

53. SELECT 查询中，要把结果集的记录按照某一列的值进行排序，所用到的子句是( )。

    A. ORDER BY   B. WHERE   C. GROUP BY   D. HAVING

54. 在 SQL Server 中复制表数据(源表名为 A，新表名为 B)，下面语句中正确的是( )。

    A. SELECT ＊ INTO B FROM A

    B. CREATE B SELECT ＊ FROM A

    C. SELECT ＊ INTO A FROM B

    D. CREATE table B SELECT ＊ FROM A

55. 假定有 3 种关系：学生关系 S、课程关系 C、学生选课关系 SC，它们的结构如下：

```
S(S_ID, S_NAME, AGE, DEPT)
C(C _NO, C_NAME) )
SC(S_ID, C_NO, GRADE )
```

其中，S_ID 为学生号，S_NAME，AGE 为年龄，DEPT 为系别，C _NO 为课程号，C_NAME 为课程名，GRADE 为成绩。检索所有比"张亮"年龄大的学生的姓名、年龄，正确的 SQL 语句是( )。

    A. SELECT S_NAME，AGE FROM S WHERE AGE >（ SELECT AGE FROM S WHERE S_NAME ='张亮'）

    B. SELECT S_NAME，AGE FROM S WHERE AGE >（ S_NAME= '张亮'）

    C. SELECT S _NAME，AGE FROM S WHERE AGE >（ SELECT AGE WHERE S_NAME ='张亮'）

    D. SELECT S_NAME，AGE FROM S WHERE AGE >张亮.AGE

56. 在 SELECT 语句中使用 AVG(属性名)时，属性名( )。

    A. 必须是字符型   B. 必须是数值型

    C. 必须是数值型或字符型   D. 不限制数据类型

57. 查询"书名"字段中包含"数据库"字符的所有记录，应该使用的条件是( )。

    A. 书名 Like '数据库'   B. 书名 Like '%数据库'

  C. 书名 Like '数据库％'   D. 书名 Like '％数据库％'

58. 下列涉及空值的操作,不正确的是( )。

  A. age IS NULL   B. age IS NOT NULL

  C. age ＝ NULL   D. NOT (age IS NULL)

59. A 表有 10 条记录,B 表有 15 条记录,下面的语句返回的结果集中的记录数为( )。

```
SELECT column1, column2 FROM A
UNION
SELECT column1, column2 FROM B
```

  A. 5   B. 20   C. 150   D. 25

60. SQL Server 中,下面字符串能与通配符表达式 b[CD]％a 进行匹配的是( )。

  A. BCDEF   B. A_BCDa   C. bCAB_a   D. AB％a

6.2 填空题

1. SELECT 语句的功能非常强大,所以它的语法结构也比较复杂,其基本框架为 SELECT-FROM-WHERE,它包含_____、_____、_____等基本子句。

2. 使用 SELECT 语句完成查询工作后,所查询的结果默认显示在屏幕上,若需要对这些查询结果进行处理,则需要 SELECT 的其他子句配合操作。这些子句有 ORDER BY(排序输出)、INTO(重定向输出)、_____(合并输出)及_____(分组统计)与_____(筛选)。

3. SQL Server2012 中,可以以_____格式和_____格式显示查询结果,也可以以报表文件方式保存,其文件扩展名为_____。

4. 可使用_____或_____命令来显示函数结果。

5. 在查询语句中,应在_____子句中指定输出字段。

6. 如果要使用 SELECT 语句返回指定条数的记录,则应使用_____关键字来限定输出字段。

7. 联合查询指使用_____运算将多个_____合并到一起。

8. 当用子 SELECT 命令的结果作为查询的条件,即在一个 SELECT 命令的 WHERE 子句中出现另一个 SELECT 命令,这种查询称为_____查询。

9. 连接查询可分为 3 种类型:_____、_____和交叉连接。

10. 内连接查询可分为_____、不等值连接和_____ 3 种类型。

11. 若要把查询结果存放到一个新建的表中,可使用_____子句。

12. 在 Transact-SQL 语句中条件短语的关键字是_____。

13. 已知"出生日期"求"年龄"的表达式是_____。

14. 语句 SELECT (7＋3)＊4−17/(8−6)＋99％4 的执行结果是_____。

15. SQL 的含义是_____。

6.3 判断题

1. 在关系数据库 SQL Server 中,供用户检索、更新数据的语言工具是数据库定义语言。

2. 数据查询语句 SELECT 的语法中,必不可少的子句是 SELECT 和 WHERE。

3. 逻辑运算符(AND、NOT、OR)的运算顺序是 AND→OR→NOT。

4. 在使用子查询时,必须使用括号把子查询括起来,以便区分外查询和子查询。

5. 索引越多越好。

6. 视图本身没有数据,因为视图是一个虚拟的表。

7. 用于 WHERE 子句的查询条件表达式可用的比较运算符为:=(等于)、!=或< >(不等于)、>(大于)、>=(大于或等于)、<(小于)、<=(小于或等于)。

8. SELECT 语句的 DISTINCT 参数表示输出无重复结果的记录。

9. 如果要使 SELECT 的查询结果有序输出,需要用 GROUP BY 子句配合。

10. HAVING 子句作用于组,必须与 GROUP BY 子句连用,用来指定每一分组内应满足的条件。

6.4 应用题

1. 在实验 2 建立的 studentsdb 数据库中:

(1) 查询年龄在 19~21 岁范围内的学生信息。

(2) 查询成绩不在 60~90 分范围内的课程信息。

(3) 查询姓"欧阳"且全名只有 3 个汉字的学生信息。

(4) 先按学号升序排序,再按成绩降序排列,检索出学生成绩信息。

(5) 查询没有成绩的学生的姓名。

(6) 查询选修了课程的学生人数。

(7) 查询每门课程的课程人数、课程编号、课程名称。

(8) 查询至少选修了 2 门课程的每个学生的平均成绩。

(9) 查询大于学号为 0001 的学生的任意一门课程的成绩记录。

(10) 查询学生的学号、姓名、课程编号、成绩。

2. 现有部门表和商品表数据如表 2-7 和表 2-8 所示。

表 2-7 部门表

部 门 号	部 门 名 称	部 门 号	部 门 名 称
40	家用电器部	20	电话手机部
10	电视录摄像机部	30	计算机部

表 2-8 商品表

部 门 号	商 品 号	商 品 名 称	单 价	数 量	产 地
40	400101A	电风扇	200.00	10	广东
40	400104A	微波炉	350.00	10	广东
40	400105B	微波炉	600.00	10	广东
20	201032C	传真机	1000.00	20	上海
40	400107D	微波炉	420.00	10	北京
20	200110A	电话机	200.00	50	广东
20	200112B	手机	2000.00	10	广东
40	400202A	电冰箱	3000.00	2	广东
30	301041B	计算机	6000.00	10	广东
30	300204C	计算机	10 000.00	10	上海

(1) 查询各部门总价最高的商品。

(2) 查询各种商品的产地和该产地提供的商品种类数。

(3) 查询各部门商品金额合计。

(4) 查询所有商品所在的部门号、部门名称以及商品号、商品名称、单价等信息。

(5) 查询单价在 420~1000 元的商品所在的部门名称。

参 考 答 案

6.1 选择题

1. C	2. A	3. C	4. D	5. B
6. D	7. B	8. A	9. B	10. A
11. B	12. B	13. C	14. B	15. A
16. C	17. D	18. B	19. D	20. D
21. C	22. D	23. A	24. D	25. C
26. C	27. C	28. A	29. C	30. A
31. B	32. C	33. A	34. D	35. B
36. B	37. A	38. D	39. D	40. A
41. C	42. C	43. B	44. D	45. C
46. B	47. A	48. C	49. B	50. B
51. B	52. C	53. A	54. A	55. A
56. B	57. D	58. C	59. D	60. C

6.2 填空题

1. 输出字段　数据来源　查询条件

2. UNION　GROUP BY　HAVING

3. 文本　网格　RPT

4. PRINT　SELECT

5. SELECT

6. TOP

7. UNION　查询结果

8. 嵌套

9. 内连接　外连接

10. 等值连接　自然连接

11. INTO

12. WHERE

13. YEAR(GETDATE())-YEAR(出生日期)

14. 35

15. 结构化查询语言

6.3 判断题

1. 错误　2. 错误　3. 错误　4. 正确　5. 错误　6. 正确　7. 正确

8. 正确　　9. 错误　　10. 正确

6.4　应用题

1.

（1）查询年龄在 19～21 岁范围内的学生信息。

```
SELECT * FROM student_info
WHERE YEAR(GETDATE()) - YEAR(出生日期)BETWEEN 19 and 21
```

（2）查询成绩不在 60～90 分范围内的课程信息。

```
SELECT * FROM curriculum
WHERE 课程编号 IN(SELECT 课程编号 FROM grade WHERE 分数 < 60 OR 分数> 90)
```

（3）查询姓"欧阳"且全名只有 3 个汉字的学生信息。

```
SELECT * FROM student_info
WHERE 姓名 LIKE '欧阳_'
```

（4）先按学号升序排序，再按成绩降序排列，检索出学生成绩信息。

```
SELECT * FROM grade
ORDER BY 学号 ASC,分数 DESC
```

（5）查询没有成绩的学生的姓名。

```
SELECT 姓名
FROM student_info
WHERE 学号 NOT IN(SELECT DISTINCT 学号 FROM grade)
```

（6）查询选修了课程的学生人数。

```
SELECT COUNT(DISTINCT 学号)人数 FROM grade
```

（7）查询每门课程的课程人数、课程编号、课程名称。

```
SELECT curriculum.课程编号,课程名称,
 (SELECT COUNT( * )FROM grade
 WHERE 课程编号 = curriculum.课程编号)AS 人数
FROM curriculum JOIN grade ON curriculum.课程编号 = grade.课程编号
GROUP BY curriculum.课程编号,课程名称
```

（8）查询至少选修了 2 门课程的每个学生的平均成绩。

```
SELECT 学号,AVG(分数)平均成绩 FROM grade
GROUP BY 学号 HAVING COUNT(学号)>= 2
```

（9）查询学号大于 0001 的学生的任意一门课程的成绩记录。

```
SELECT * FROM grade
WHERE 分数> ALL(SELECT 分数 FROM 成绩 WHERE 学号 = '0001')
     AND 学号<>'0001'
```

（10）查询学生的学号、姓名、课程编号、成绩。

```
SELECT student_info.学号,姓名,课程编号,分数
```

```
FROM student_info,grade
WHERE student_info.学号 = grade.学号
```

2.

(1) 查询各部门总价最高的商品。

```
SELECT 部门号,MAX(单价 * 数量)
FROM 商品 GROUP BY 部门号
```

(2) 查询各种商品的产地和该产地提供的商品种类数。

```
SELECT 产地,COUNT( * )提供的商品种类数 FROM 商品
WHERE 单价> 200
GROUP BY 产地 HAVING COUNT( * )> = 2
ORDER BY 2 DESC
```

(3) 查询各部门商品金额合计。

```
SELECT 部门.部门号,部门名称,SUM(单价 * 数量)金额合计
FROM 部门,商品
WHERE 部门.部门号 = 商品.部门号
GROUP BY 部门.部门号,部门.部门名称
```

(4) 查询所有商品所在的部门号、部门名称以及商品号、商品名称、单价等信息。

```
SELECT 部门.部门号,部门名称,商品号,商品名称,单价
FROM 部门,商品
WHERE 部门.部门号 = 商品.部门号
ORDER BY 部门.部门号 DESC,单价
```

(5) 查询单价在 420~1000 元的商品所在的部门名称。

```
SELECT 部门名称 FROM 部门
WHERE 部门号 IN
(SELECT 部门号 FROM 商品
WHERE 单价 BETWEEN 420 AND 1000)
```

第7章 索引与视图

7.1 选择题

1. 在 SQL 中,通过使用( ),能够使在关系规范化时被分解的关系连接起来,能够增强数据库的安全性。

    A. 查询   B. 索引   C. 视图   D. 基本表

2. 在视图上不能完成的操作是( )。

    A. 更新视图   B. 查询

    C. 在视图上定义新的表   D. 在视图上定义新的视图

3. Transact-SQL 中,删除一个视图的命令是( )。

    A. DELETE   B. DROP   C. CLEAR   D. REMOVE

4. Transact-SQL 中的视图 VIEW 是数据库的( )。

    A. 外模式   B. 模式   C. 内模式   D. 存储模式

5. 以下关于主索引和候选索引的叙述正确的是( )。

    A. 主索引和候选索引都能保证表记录的唯一性

    B. 主索引和候选索引都可以建立在数据库表和自由表上

    C. 主索引可以保证表记录的唯一性,而候选索引不能

    D. 主索引和候选索引是相同的概念

6. 建立索引的作用之一是( )。

    A. 节省存储空间   B. 便于管理

    C. 提高查询速度   D. 提高查询和更新的速度

7. 在实验 2 建立的 studentsdb 数据库中,建立视图 AGE_LIST,以查询所有目前年龄是 22 岁的学生学号、姓名和年龄,正确的 SQL 语句是( )。

    A. CREATE VIEW AGE_LIST

        AS

        SELECT 学号,姓名,YEAR(GETDATE())-YEAR(出生日期) 年龄

        FROM student_info

GO

SELECT 学号,姓名,年龄 FROM AGE_LIST WHERE 年龄＝22

B. CREATE VIEW AGE_LIST

AS

SELECT 学号,姓名,YEAR(出生日期) FROM student_info

GO

SELECT 学号,姓名,年龄 FROM AGE_LIST WHERE YEAR(出生日期)＝22

C. CREATE VIEW AGE_LIST

AS

SELECT 学号,姓名,YEAR(GETDATE( ))-YEAR(出生日期) 年龄

FROM student_info

GO

SELECT 学号,姓名,年龄 FROM student_info WHERE YEAR(出生日期)＝22

D. CREATE VIEW AGE_LIST

AS STUDENT

SELECT 学号,姓名,YEAR(GETDATE())-YEAR(出生日期) 年龄

FROM student_info

GO

SELECT 学号,姓名,年龄 FROM STUDENT WHERE 年龄＝22

8. 在实验 2 建立的 studentsdb 数据库中,建立一个视图 v_cavg,该视图包括了课程名称和(该课程的)平均成绩两个字段,正确的 SQL 语句是(   )。

A. CREATE VIEW v_cavg

AS

课程名称,AVG(分数) AS 平均成绩

FROM curriculum

GROUP BY 课程编号

B. CREATE VIEW v_cavg

AS

SELECT 课程名称,AVG(分数) AS 平均成绩

FROM curriculum

GROUP BY 课程编号

C. CREATE VIEW v_cavg

SELECT 课程名称,AVG(分数) AS 平均成绩

FROM curriculum

GROUP BY 课程编号

D. CREATE VIEW v_cavg

AS

SELECT 课程名称,平均成绩＝

(SELECT avg(分数) FROM grade WHERE 课程编号＝curriculum. 课程编号)

FROM curriculum

9. 删除第 8 题建立视图 v_cavg 的正确命令是(　　　)。

   A. DROP v_cavg VIEW　　　　　　　　B. DROP VIEW v_cavg

   C. DELETE v_cavg VIEW　　　　　　　D. DELETE v_cavg

10. 删除索引的 Transact-SQL 语句是(　　　)。

   A. CREATE INDEX　　　　　　　　　　B. DROP INDEX

   C. sp_helpindex　　　　　　　　　　D. UPDATE INDEX

11. 索引是对数据库表中(　　)字段的值进行排序。

   A. 一个　　　　　　B. 多个　　　　　　C. 一个或多个　　　D. 零个

12. 在 SQL Server 2012 中可创建 3 种类型的索引,下列(　　)不是其中的索引类型。

   A. 唯一性索引　　　B. 主键索引　　　　C. 聚集索引　　　　D. 外键索引

13. 一个表中可以建立(　　)个聚集索引。

   A. 1　　　　　　　B. 2　　　　　　　C. 255　　　　　　D. 512

14. 下列不适合创建索引的情形是(　　　)。

   A. 经常被查询搜索的列,如经常在 WHERE 子句中出现的列

   B. 外键或主键的列

   C. 包含太多重复选用值的列

   D. 在 ORDER BY 子句中使用的列

15. 下列适合建立索引的情形是(　　　)。

   A. 在查询中很少被引用的列

   B. 在 ORDER BY 子句中使用的列

   C. 包含太多重复选用值的列

   D. 数据类型为 bit、text、image 等的列

16. 关于视图和索引,下列说法正确的是(　　　)。

   A. 视图是观察数据的一种方法,只能基于基本表建立

   B. 视图是虚表,观察到的数据是实际基本表中的数据

   C. 建立索引后,可以大幅提高对表的所有操作的速度

   D. 对数据表操作时,使用聚集索引比非聚集索引速度快

17. 不允许记录中出现重复值和 NULL 值的索引是(　　　)。

   A. 主键索引、普通索引

   B. 主键索引、候选索引和普通索引

   C. 主键索引和候选索引

   D. 主键索引、候选索引和唯一索引

18. 在 SQL Server 中,可为数据表创建(　　　)共三种类型的索引。

   A. 聚集索引、稀疏索引、辅索引

   B. 聚集索引、唯一性索引、主键索引

   C. 聚集索引、类索引、主键索引

   D. 非聚集索引、候选索引、辅索引

19. 下列(　　)不适合建立索引。

   A. 经常出现在 GROUP BY 字句中的属性

  B. 经常参与连接操作的属性

  C. 经常出现在 WHERE 字句中的属性

  D. 经常需要进行更新操作的属性

20. 下面关于索引的描述不正确的是( )。

  A. 索引是一个指向表中数据的指针

  B. 索引是在元组上建立的一种数据库对象

  C. 索引的建立和删除对表中的数据毫无影响

  D. 表被删除时将同时删除在其上建立的索引

21. SQL Server 中的视图提高了数据库系统的( )。

  A. 完整性   B. 可靠性   C. 安全性   D. 一致性

22. 视图是一种常用的数据对象,可以对数据进行( )。

  A. 查看   B. 插入

  C. 更新   D. 以上选项都是

23. 为数据表创建索引的主要目的是( )。

  A. 提高查询的检索性能   B. 创建唯一索引

  C. 创建主键   D. 归类

24. SQL 的视图是( )中导出的。

  A. 基本表   B. 视图

  C. 基本表或视图   D. 数据库

25. 以下( )不是 SQL Server 中可以创建的索引类型。

  A. 唯一性索引   B. 主键索引

  C. 聚集索引   D. 域完整性索引

26. 视图是一个( ),并不包含任何的物理数据。

  A. 真实表   B. 组合表   C. 基本表   D. 虚拟表

27. 以下应尽量创建索引的情形是( )。

  A. 在 WHERE 子句中出现频率较高的列

  B. 具有很多 NULL 值的列

  C. 记录数较少的基本表

  D. 需要更新频繁的基本表

28. 如果创建视图的基本表被删除了,则视图( )。

  A. 同时被删除   B. 不能被使用

  C. 视图结构会改变   D. 还能使用

29. 以下对视图的描述错误的是( )。

  A. 视图是一个虚拟的表

  B. 在存储视图时存储的是视图的定义

  C. 在存储视图时存储的是视图中的数据

  D. 可以像查询表一样来查询视图

30. 数据库中已建立视图 vStu,修改该视图应使用的命令是( )。

  A. ALTER VIEW vStu   B. MODIFY VIEW vStu

C. CREATE VIEW vStu　　　　　　　D. REMOVE VIEW vStu

31. 有表 student(学号，姓名，性别，身份证号，出生日期，所在系号)，在此表上使用（　　）语句能创建视图 vst。

　　A. CREATE VIEW vst AS SELECT ＊ FROM student

　　B. CREATE VIEW vst ON SELECT ＊ FROM student

　　C. CREATE VIEW AS SELECT ＊ FROM student

　　D. CREATE TABLE vst AS SELECT ＊ FROM student

32. 在创建表的同时，可以用（　　）来创建唯一性索引。

　　A. 设置主键约束，或设置唯一性约束

　　B. CREATE TABLE，CREATE INDEX

　　C. CREATE INDEX

　　D. 以上都可以

7.2　填空题

1. 如果索引是在 CREATE TABLE 中创建，只能用＿＿＿＿进行删除。如果用 CREATE INDEX 创建，可以用＿＿＿＿删除。

2. 不能在由＿＿＿＿约束或＿＿＿＿约束创建的索引上使用 DROP INDEX 语句。为了删除索引必须删除约束。

3. ＿＿＿＿是关系数据库中提供给用户以多种角度观察数据库中数据的重要机制。

4. 数据库中只存放视图的＿＿＿＿而不存放视图对应的数据，这些数据仍存放在导出视图的基础表中。

5. UPDATE 语句不能够修改视图的＿＿＿＿数据，也不允许它修改包含集合的函数和内置函数的视图列。

6. 通过视图可以对基础表中的数据进行检索、添加、＿＿＿＿和＿＿＿＿。

7. 视图的作用主要表现在＿＿＿＿、定制数据、导出数据和＿＿＿＿这几个方面。

8. 以下语句将已有视图 stview1 从数据库中删除：

　　＿＿＿＿ stview1

9. 基本表属于全局模式中的表，它是实表；而视图则属于局部模式中的表，它是＿＿＿＿。

10. 当建立一个视图后，通常只对它做＿＿＿＿和＿＿＿＿两种操作。

11. 在 SQL 中，可用＿＿＿＿命令创建视图。

12. 创建视图的 SQL 语句需要提供视图的＿＿＿＿和查询语句。

13. 在关系数据库中，视图对应三级模式结构中的＿＿＿＿。

14. 在 SQL 中，视图中的列可以来自不同的＿＿＿＿或者视图，它是在原有表的基础上抽象的、逻辑意义上的新关系。

15. SQL Server 中的索引类型包括三种类型，分别是聚集索引、唯一性索引和＿＿＿＿索引。

16. 在＿＿＿＿索引中，表中各行的物理顺序和键值的逻辑顺序相同。

17. ＿＿＿＿索引和唯一性索引可以保证表中组成该索引的字段或字段组合的值不重复。

18. 在 SQL Server 2012 中,通常不需要用户建立索引,而是通过使用_____约束和_____约束,由系统自动建立索引。

19. 运用_____可以使得数据库程序迅速找到表中的数据,而不必扫描整个数据库,从而提高工作效率。

20. 在 SQL Server 中,通过使用视图,能够使在关系规范化时被分解的关系_____起来,增强数据库的安全性。

7.3 判断题

1. 当用户删除一个表后,基于该表建立的视图也不存在了。

2. 视图是基本表的子集。

3. 一个数据表上只能建立一个聚集索引。

4. 在查询中很少被引用的列上创建索引可以极大地提高查询性能。

5. 因为创建索引可以提高检索速度,所以最好在表的每列上都创建索引。

6. 不能在视图上创建索引。

7. 因为有利于提高检索效率,所以应该尽可能多地创建索引。

8. 所有索引都可以使用 ALTER INDEX 命令来修改。

9. 视图本身没有数据,因为视图是一个虚拟的表。

10. 聚集索引确定表中的物理顺序,表中的物理行会按照索引字段进行重新调整。

11. 索引越多越好。

12. 视图的内容要保存在一个新的数据库中。

13. 创建主键索引的列可以有一些重复的值。

14. 在任意视图中插入一个元组,该元组都会同时插入到基本表中。

15. 对关系的查询比更新频繁得多,对使用频率高的属性建立索引比较有价值。

16. 通过视图可以完成某些和基表相同的数据操作,如数据的检索、添加、修改和删除。

17. 视图具有与表相同的功能,在视图上也可以创建触发器。

18. 在存储视图时,不仅存储视图的定义,还存储视图对应的数据。

19. 一张表上不能同时建立聚集索引及非聚集索引。

20. SQL Server 自动为 UNIQUE 约束的列建立一个唯一索引。

7.4 问答题

1. 什么是基本表? 什么是视图? 两者的区别和联系是什么?

2. 试述视图的优点。

3. 所有的视图是否都可以更新? 为什么?

4. 哪类视图是可以更新的? 哪类视图是不可更新的?

5. 能否在视图上创建索引?

6. 修改索引可以使用 ALTER INDEX 命令吗? 如果不能,说明修改索引的方法。

7. 视图中看到的数据存储在什么地方?

8. 建立视图之前,需要考虑什么准则?

参 考 答 案

7.1　选择题

1. C	2. C	3. B	4. A	5. A	6. C
7. A	8. D	9. B	10. B	11. C	12. D
13. A	14. C	15. B	16. B	17. C	18. B
19. D	20. B	21. C	22. D	23. A	24. C
25. D	26. D	27. A	28. B	29. C	30. A
31. A	32. A				

7.2　填空题

1. ALTER TABLE　DROP INDEX

2. PRIMARY KEY　UNIQUE

3. 视图

4. 定义

5. 计算列

6. 修改　删除

7. 简化操作　安全性

8. DROP VIEW

9. 虚表

10. 查询　更新

11. CREATE VIEW

12. 名字

13. 外模式或子模式

14. 基本表

15. 主键

16. 聚集

17. 主键

18. 主键　唯一性

19. 索引

20. 连接

7.3　判断题

1. 错误	2. 错误	3. 正确	4. 错误	5. 错误
6. 正确	7. 错误	8. 错误	9. 正确	10. 正确
11. 错误	12. 错误	13. 错误	14. 错误	15. 正确
16. 正确	17. 错误	18. 错误	19. 错误	20. 正确

7.4　问答题

1.

基本表是本身独立存在的表,在 SQL 中一个关系对应一个表。

视图是从一个或几个基本表导出的表。视图本身不独立存储在数据库中,是一个虚拟表。即数据库中只存放视图的定义而不存放视图对应的数据,这些数据仍存放在导出视图的基本表中。视图在概念上与基本表等同,用户可以像使用基本表那样使用视图,还可以在视图上再定义视图。

2.

视图能够简化用户的操作;视图使用户能以多种角度看待同一数据;视图对重构数据库提供了一定程度的逻辑独立性;视图能够对机密数据提供安全保护。

3.

不是。视图是不实际存储数据的虚拟表,因此对视图的更新,最终要转换为对基本表的更新。因为有些视图的更新不能唯一地、有意义地转换成对相应基本表的更新,所以,并不是所有的视图都是可更新的。

4.

基本表的行/列子集视图一般是可更新的。若视图的属性来自集函数、表达式,则该视图肯定是不可以更新的。

5.

不能。

6.

不可以。如果索引是在 CREATE TABLE 中创建,则只能用 ALTER TABLE 进行删除。如果用 CREATE INDEX 创建,则可以用 DROP INDEX 删除。

7.

数据库中只存放视图的定义,而不存放视图对应的数据,这些数据仍存放在导出视图的基础表中。

8.

在创建视图时,应遵守以下规定:

(1) 只能在当前数据库中创建视图。但是,如果使用分布式查询定义视图,则新视图所引用的表和视图可以存在于其他数据库甚至其他服务器中。

(2) 视图名称必须遵循标识符的规则,对每个架构都必须唯一,该名称不得与该架构包含的任何表的名称相同。

(3) 可以使用其他视图创建视图,Microsoft SQL Server 允许嵌套视图,但嵌套不得超过 32 层。

(4) 不能将规则或 DEFAULT 定义与视图相关联。

(5) 不能将 AFTER 触发器与视图相关联,只有 INSTEAD OF 触发器可以与之相关联。

(6) 除非还指定了 TOP 子句,否则视图中的 ORDER BY 子句无效。

(7) 视图定义中的 SELECT 子句不能包括 INTO 关键字、OPTION 子句。

(8) 若要对视图创建全文搜索,则该表或视图必须具有唯一的、不可以为 NULL 的单列索引。

(9) 不能创建临时视图,也不能引用临时表创建视图。

第8章 数据完整性

8.1 选择题

1. 参照完整性要求有关联的两个或两个以上表之间数据的一致性。参照完整性可以通过建立( )来实现。

    A. 主键约束和唯一约束   B. 主键约束和外键约束

    C. 唯一约束和外键约束   D. 以上都不是

2. 域完整性用于保证给定字段中数据的有效性,它要求表中指定列的数据具有正确的数据类型、格式和有效的( )。

    A. 数据值   B. 数据长度   C. 数据范围   D. 以上都不是

3. 创建默认值用 Transact-SQL 语句( )。

    A. CREATE DEFAULT   B. DROP DEFAULT

    C. sp_bindefault   D. sp_unbindefault

4. 下列 Transact-SQL 语句为 studentsdb 数据库的 student_info 表的"邮件地址"列定义规则 email_rule,限制字符串中必须包含"@"字符(用于限制填充 E-mail 地址的列值)。定义 email_rule 规则的语句是( )。

    A. CREATE RULE email_rule AS @email LIKE '%@%'

    B. EXEC sp_bindrule email_rule,'student_info.邮件地址'

    C. EXEC sp_unbindrule email_rule,'student_info.邮件地址'

    D. DROP RULE email_rule

5. 在为 studentsdb 数据库的 student_info 表录入数据时,常常需要一遍又一遍地输入"男"到学生"性别"列,以下( )种方法可以解决这个问题。

    A. 创建一个 DEFAULT 约束(或默认值)

    B. 创建一个 CHECK 约束

    C. 创建一个 UNIQUE 约束(或唯一值)

    D. 创建一个 PRIMARY KEY 约束(或主键)

6. 关系数据库中,运用 Transact-SQL 语句为已存在的 table1 表创建主键,可以是(　　)。

    A. CREATE TABLE table1

        (column1 char(13)NOT NULL PRIMARY,

        column2INT NOT NULL)ON PRIMARY;

    B. ALTER TABLE table1 WITHNOT CHECK ADD

        CONSTRAINT[PK_table1] PRIMARY KEY NONCLUSTERED

        (column1)ON PRIMARY

    C. ALTER TABLE table1 column1PRIMARY KEY;

    D. ALTER TABLE table1 ADD CONSTRAINT column1 PRIMARY KEY

7. 在 SQL Server 中有 6 种约束,以下(　　)不属于该 6 种约束。

    A. 主键约束　　　　　　B. 外键约束　　　　　　C. 唯一性约束　　　　　　D. 关联约束

8. 下列关于唯一性约束的叙述中,不正确的是(　　)。

    A. 唯一性约束指定一个或多个列的组合的值具有唯一性,以防止在列中输入重复的值

    B. 唯一性约束指定的列可以有 NULL 属性

    C. 主键也强制执行唯一性,但主键不允许空值,故主键约束强度大于唯一性约束

    D. 主键列可以设定唯一性约束

9. 以下关于默认约束的叙述中,不正确的是(　　)。

    A. 每列中可以建立多个默认约束

    B. 默认约束只能用于 INSERT 语句

    C. 默认约束允许指定一些系统提供的值,如 SYSTEM_USER、CURRENT_USER、USER

    D. 如果列不允许空值且没有指定默认约束,就必须明确地指定列值,否则 SQL Server 将会返回错误信息

10. 如果学生表 STUDENT 是使用下面的 SQL 语句创建的:

```
CREATE TABLE STUDENT
( SNO char(4) PRIMARY KEY NOT NULL,
  SN char(8),
  SEX char(2),
  AGE int CHECK(AGE > 15 AND AGE < 30)
)
```

则下面的 SQL 语句中可以正确执行的是(　　)。

    A. INSERT INTO STUDENT(SNO,SEX,AGE)values('S9','男',17)

    B. INSERT INTO STUDENT(SNO,SEX,AGE)values('李安琦','男',20)

    C. INSERT INTO STUDENT(SEX,AGE)values('男',20)

    D. INSERT INTO STUDENT(SNO,SN)values('S9','安琦',16)

11. 数据库表的字段可以定义默认值,默认值是(　　)。

    A. 逻辑表达式　　　　　　　　　　　　　B. 字符表达式

    C. 数值表达式　　　　　　　　　　　　　D. 前 3 种都可以

12. 数据库表的字段可以定义规则,规则是( )。

    A. 逻辑表达式   B. 字符表达式

    C. 数值表达式   D. 前 3 种说法都不对

13. 以下关于规则的叙述中,不正确的是( )。

    A. 规则是数据库中对存储在表中的列或用户定义数据类型中的值的规定和限制

    B. 规则是单独存储的独立的数据库对象。表或用户定义对象的删除、修改不会对与之相连的规则产生影响

    C. 规则和约束不能同时使用

    D. 表的列可以有一个规则及多个约束

14. 下列有关默认值的叙述中,不正确的是( )。

    A. 如果列同时绑定了一个规则和一个默认值,那么默认值应该符合规则的规定

    B. 默认值对象可以用 CREATE TABLE 或 ALTER TABLE 语句创建或添加

    C. 默认值对象不能绑定默认值到一个已有默认值约束的列上

    D. 一个默认值对象只能绑定表的一列或一个用户定义数据类型

15. 为 studentdb 数据库的 student_info 表的"学号"列添加有效性约束:学号的最左边两位字符是 01,正确的 SQL 语句是( )。

    A. CREATE TABLE student_info

        ADD CONSTRAINT 学号 CHECK(LEFT(学号,2)='01')

    B. ALTER TABLE student_info

        ADD CONSTRAINT 学号 CHECK(LEFT(学号,2)='01')

    C. ALTER TABLE student_info

        ALTER 学号 CHECK(LEFT(学号,2)='01')

    D. CREATE TABLE student_info

        ALTER 学号 CHECK(LEFT(学号,2)='00')

8.2 填空题

1. CHECK 约束表示_____的输入内容必须满足约束条件,否则数据无法正常输入。

2. 实体完整性又称为_____完整性,要求表中有一个主键。

3. 参照完整性又称为_____完整性,它是通过定义外键与主键之间或外键与唯一键之间的对应关系实现的。

4. 如果要确保一个表中的非主键列不输入重复值,应在该列上定义_____约束。

5. 当指定基本表中某一列或若干列为唯一性约束时,系统将在这些列上自动_____一个唯一值_____。

6. 若规定基本表中某一列或若干列为非空和唯一性双重约束,则这些列就是该基本表的_____键,若只规定为唯一性约束,则_____空值重复出现。

7. 在 SQL Server 2012 中,通常不需要用户建立索引,而是通过使用_____约束和_____约束,由系统自动建立索引。

8. 在一个表中最多只能有一个关键字为_____的约束,关键字为 FOREIGN KEY

的约束可以出现_____次。

9. CHECK 约束被称为_____约束，UNIQUE 约束被称为_____约束。

10. 使用一种约束时，可以使用关键字_____和标识符_____的选项命名该约束，也可以省略该选项由系统自动命名，因为用户很少再使用其约束名。

11. 当一个表带有约束后，执行对表的各种_____操作时，将自动_____相应的约束，只有符合约束条件的合法操作才能被真正执行。

12. 表的 CHECK 约束是_____的有效性检验规则。

8.3　程序填空题

1. 完成以下代码，为 studentsdb 数据库的 student_info 表的"姓名"列添加一个唯一性约束。

```
ALTER TABLE student_info
ADD CONSTRAINT u_name_____①_____(_____②_____)
GO
```

2. 完成以下代码，利用 Transact-SQL 语句创建一个名为 stu_score 的表，包含学号、课程编号、分数 3 列，要求将学号、课程编号设置为主键，分数取值范围为 0～100。

```
CREATE TABLE stu_score(
    学号 char(4) NOT NULL,
    课程编号 char(4) NOT NULL,
    分数 real,
    CONSTRAINT pk_s PRIMARY KEY(_____①_____),
    CONSTRAINT chk_score_____②_____(_____③_____)
)
```

3. 完成以下代码，使用 Transact-SQL 语句删除 stu_score 表中的外键约束 con_num。

```
_____①_____TABLE stu_score
_____②_____CONSTRAINT con_num
GO
```

4. 完成以下代码，在 studentsdb 数据库的 student_info 表中使用 Transact-SQL 语句为"学号"列定义主键约束。

```
_____①_____TABLE student_info
_____②_____CONSTRAINT pk_num_____③_____(学号)
```

5. 完成以下代码，为 studentsdb 数据库的 student_info 表添加"总学分"列，并为该列建立默认对象 df_credit，使其默认值为 0。

```
CREATE_____①_____df_credit AS 0
GO
ALTER TABLE student_info
ADD 总学分 real
EXEC_____②_____'df_credit','student_info.总学分'
GO
```

6. 完成以下代码,为 studentsdb 数据库的 student_info 表的"性别"列建立规则对象 rule_s,使"性别"列的数值只能取"男"或"女"。

```
CREATE ____①____ rule_s
AS @sex ____②____ ('男','女')
GO
EXEC ____③____ 'rule_s','student_info.性别'
GO
-- 执行以下插入操作:
INSERT INTO student_info(学号,姓名,性别)VALUES('0015','李探','男')
```

8.4 应用题

1. 使用 SQL Server 管理平台的查询编辑器,在 studentsdb 数据库中为 student_info 表创建名为 pk_stu_no 的 PRIMARY KEY 约束,以保证不会出现编号相同的学生。

2. 使用 SQL Server 管理平台的查询编辑器,删除 studentsdb 数据库中 student_info 表的 PRIMARY KEY 约束 pk_stu_no。

3. 在 studentsdb 数据库的 student_info 表中添加名为"电话"的列,为"电话"列创建名为 un_stu_tel 的 UNIQUE 约束,以保证该列取值各不相同。

4. 使用 SQL Server 管理平台的查询编辑器,删除 studentsdb 数据库中 student_info 表的"电话"列的 UNIQUE 约束 un_stu_tel。

5. 使用 SQL Server 管理平台的查询编辑器,在 studentsdb 数据库的 grade 表中创建名为 fk_score_stu 的 FOREIGN KEY 约束,该约束限制 grade 表的"学号"列数据只能是 student_info 表"学号"列中存在的数据。

6. 使用 SQL Server 管理平台的查询编辑器,删除 studentsdb 数据库中 grade 表的"学号"列的 FOREIGN KEY 约束 fk_score_stu。

7. 使用 SQL Server 管理平台的查询编辑器,在 studentsdb 数据库的 student_info 表中为"电话"列创建名为 ck_tel 的 CHECK 约束,该约束限制"电话"列中只允许 7 位数字(不能为字母)。

8. 使用 SQL Server 管理平台的查询编辑器,删除 studentsdb 数据库中 student_info 表的"电话"列的 CHECK 约束 ck_tel。

9. 使用 SQL Server 管理平台的查询编辑器,在 studentsdb 数据库的 grade 表中为"分数"列创建名为 df_score 的 DEFAULT 约束,该约束使"分数"列的默认值为 0。

10. 使用 SQL Server 管理平台的查询编辑器,删除 studentsdb 数据库中 grade 表的"分数"列的 DEFAULT 约束 df_score。

11. 使用 SQL Server 管理平台的查询编辑器,给 studentsdb 数据库中 student_info 表增加一列,列名为"电子邮箱",数据类型为 varchar(20),并将该列设置名为 un_email 的 UNIQUE 约束。

12. 使用查询编辑器删除 studentsdb 数据库中 student_info 表的"电子邮箱"列。

参 考 答 案

8.1 选择题

1. B   2. C   3. A   4. A   5. A   6. D   7. D   8. D
9. A   10. A   11. D   12. A   13. C   14. B   15. B

8.2 填空题

1. 列

2. 行

3. 引用

4. 唯一性

5. 建立(或创建) 索引

6. 候选   不允许

7. 主键   唯一性

8. PRIMARY KEY   多

9. 检查   唯一性

10. CONSTRAINT   约束名

11. 更新   检查

12. 字段或列

8.3 程序填空题

1. ① UNIQUE   ② 姓名

2. ① 学号,课程编号   ② CHECK   ③ 分数>0 AND 分数<100

3. ① ALTER   ② DROP

4. ① ALTER   ② ADD   ③ PRIMARY KEY

5. ① DEFAULT   ② sp_bindefault

6. ① RULE   ② IN   ③ sp_bindrule

8.4 应用题

1. 代码如下:

```
ALTER TABLE student_info
ADD CONSTRAINT pk_stu_no PRIMARY KEY(学号)
GO
```

2. 代码如下:

```
ALTER TABLE student_info
DROP CONSTRAINT pk_stu_no
GO
```

3. 代码如下:

```
ALTER TABLE student_info
ADD 电话 char(7)
GO
```

-- 为各记录行的"电话"列输入不同的值,再添加唯一性约束

```
ALTER TABLE student_info
ADD CONSTRAINT un_stu_tel UNIQUE(电话)
GO
```

4. 代码如下：

```
ALTER TABLE student_info
DROP CONSTRAINT un_stu_tel
GO
```

5. 代码如下：

```
ALTER TABLE grade
ADD CONSTRAINT fk_score_stu FOREIGN KEY(学号)
REFERENCES student_info(学号)
```

6. 代码如下：

```
ALTER TABLE grade
DROP CONSTRAINT fk_score_stu
GO
```

7. 代码如下：

```
ALTER TABLE student_info
ADD
CONSTRAINT ck_tel CHECK(电话 LIKE '[0-9][0-9][0-9][0-9][0-9][0-9][0-9]')
GO
```

8. 代码如下：

```
ALTER TABLE student_info
DROP CONSTRAINT ck_tel
GO
```

9. 代码如下：

```
ALTER TABLE grade
ADD CONSTRAINT df_score DEFAULT(0)
FOR 分数
GO
```

10. 代码如下：

```
ALTER TABLE grade
DROP CONSTRAINT df_score
GO
```

11. 代码如下：

```
ALTER TABLE student_info
ADD 电子邮箱 varchar(20)NULL
CONSTRAINT un_email UNIQUE
GO
```

数据库技术与应用实践教程——SQL Server 2012

注意：当 student_info 表中有数据时，该约束不能成功创建。

12. 代码如下：

```
-- 首先删除约束
ALTER TABLE student_info
DROP CONSTRAINT un_email
GO
-- 然后删除"电子邮箱"列
ALTER TABLE student_info
DROP COLUMN 电子邮箱
GO
```

第9章 Transact-SQL程序设计

9.1 选择题

1. SQL Server 的字符型系统数据类型主要包括(　　)。
   A. int、money、char
   B. char、varchar、text
   C. datetime、binary、int
   D. char、varchar、int

2. SQL Server 提供的单行注释语句是使用(　　)开始的一行内容。
   A. "/ *"
   B. "--"
   C. "{"
   D. "/"

3. 如果要在 SQL Server 2012 中存储图形、图像、Word 文档文件,不可采用的数据类型是(　　)。
   A. binary
   B. varbinary
   C. image
   D. text

4. 下面关于 timestamp 数据类型的描述正确的是(　　)。
   A. 是一种日期型数据类型
   B. 是一种日期和时间组合型数据类型
   C. 可以用来替代传统的数据库加锁技术
   D. 是一种双字节数据类型

5. 下列标识符可以作为局部变量使用的是(　　)。
   A. [@Myvar]
   B. My var
   C. @Myvar
   D. @My var

6. Transact-SQL 支持的程序结构语句中的一种为(　　)。
   A. BEGIN…END
   B. IF…THEN…ELSE
   C. DO CASE
   D. DO WHILE

7. 下列不属于 SQL Server 2012 系统全局变量的是(　　)。
   A. @@Error
   B. @@Connections
   C. @@Fetch_Status
   D. @Records

8. 下列 Transact-SQL 语句中出现语法错误的是(　　)。
   A. DECLARE @abc int
   B. SELECT * FROM grade
   C. CREATE DATABASE sti
   D. DELETE * FROM grade

9. 语句:

```
USE master
GO
SELECT * FROM sysfiles
GO
```

包括(　　)个批处理。

    A. 1　　　　　　　　　B. 2　　　　　　　　　C. 3　　　　　　　　　D. 4

10. 字符串常量使用(　　)作为定界符。

    A. 单引号　　　　　　　B. 双引号　　　　　　　C. 方括号　　　　　　　D. 花括号

11. 下列常数中,属于 Unicode 字符串常量的是(　　)。

    A. '123'　　　　　　　　B. 123　　　　　　　　C. N '123'　　　　　　D. 'abc'

12. 表达式 '123' + '456' 的结果是(　　)。

    A. '579'　　　　　　　　B. 579　　　　　　　　C. '123456'　　　　　D. '123'

13. 表达式 Datepart(yy,'2017-3-13')+2 的结果是(　　)。

    A. ' 2017-3-15'　　　　　B. 2017　　　　　　　C. '2019'　　　　　　D. 2019

14. 以下选项中,(　　)的标识符是合法的。

    A. Table1,stu_proc,@varname,TABLE

    B. TABLE1,_abc,A$bc,#proc

    C. table1,##temptbl,"Empoyees",@@@

    D. "Table 1",SELECT,proc1,name2

15. SQL Server 2012 使用 Transact-SQL 语句(　　)来声明游标。

    A. CREATE CURSOR　　　　　　　　B. ALTER CURSOR

    C. SET CURSOR　　　　　　　　　　D. DECLARE CURSOR

第 16~19 题为多选题。

16. 下列有关批处理的叙述正确的是(　　)。

    A. 批处理是一起提交处理的一组语句

    B. 通常用 GO 来表示一个批处理的结束

    C. 不能在一个批处理中引用其他批处理定义的变量

    D. 批处理可长可短,在批处理中可以执行任何 Transact-SQL 语句

17. 下列有关变量赋值的叙述正确的是(　　)。

    A. 使用 SET 语句可以给全局变量和局部变量赋值

    B. 一条 SET 语句只能给一个局部变量赋值

    C. SELECT 语句可以给多个局部变量赋值

    D. 使用 SELECT 语句给局部变量赋值时,若 SELECT 语句的返回结果有多个值时,该局部变量的值为 NULL

18. 下列有关全局变量的叙述正确的是(　　)。

    A. 全局变量是以@@开头的变量

    B. 用户不能定义全局变量,但可以使用全局变量的值

    C. 用户不能定义与系统全局变量同名的局部变量

D. 全局变量是服务器级的变量,所以该服务器下的所有的数据库对象均可以使用

19. @n 是使用 DECLARE 语句声明的一个局部变量,能对该变量赋值的语句是(　　)。

   A. SET @n＝123　　　　　　　　B. LET @n＝123

   C. @n＝123　　　　　　　　　　D. SELECT @n＝123

9.2 填空题

1. 空值(NULL)通常表示_____、_____或_____的数据。

2. LIKE 中可使用通配符"_",例如"LIKE　李_"表示通配姓"李",且_____。

3. 某标识符的首字母为@时,表示该标识符为_____变量名。

4. 定义变量时,CURSOR 表示该变量是_____变量。

5. 位运算 124&46 的值为_____,124^46 的值为_____,124|46 的值为_____。

6. 通常可以使用_____命令来标识 Transact-SQL 批处理的结束。

7. 函数 LEFT('gfertf',2)的结果是_____。

8. 在 SQL Server 2012 中主要是通过使用_____运行 Transact-SQL 语句。

9. 注释是一些说明性的文字,而不是_____语句,不参与程序的编译。

10. SQL Server 2012 支持两种形式的变量,即_____和_____。

11. 一个局部变量的使用范围局限于一个_____内,即两个 GO 语句之间的那一部分。

12. SQL Server 2012 中为局部变量赋值的语句是_____、_____和 UPDATE。

13. 单行或行尾注释的开始标记为_____,多行注释的开始标记为_____,结束标记为_____。

14. 局部变量的开始标记为_____,全局变量的开始标记为_____。

15. 每条_____语句能够同时为多个变量赋值,每条_____语句只能为一个变量赋值。

16. 定义局部变量的语句关键字为_____,被定义的各变量之间必须用_____字符分开。

17. 在 SQL Server 2012 中,每个程序块的开始标记为_____关键字,结束标记为关键字_____。

18. 在 SQL Server 2012 中,CASE 结构是一个_____,只能作为一个_____使用在另一个语句中。

19. 在 SQL Server 2012 中,CASE 函数具有_____种格式,每种格式中可以带有_____个 WHEN 选项,可以带有_____个 ELSE 选项。

20. 在条件结构的语句中,关键字 IF 和 ELSE 之间及 ELSE 之后,可以使用_____语句,也可以使用具有_____格式的语句块。

21. 在循环结构的语句中,当执行到关键字_____后将终止整个语句的执行,当执行到关键字_____后将结束一次循环体的执行。

22. 声明游标语句的关键字为_____,该语句必须带有_____子句。

23. 打开和关闭游标的语句关键字分别为_____和_____。

24. 判断使用 FETCH 语句读取数据是否成功的全局变量为_____。

25. 使用游标对基本表进行修改和删除操作的语句中，WHERE 选项的格式为 "WHERE _____ OF _____"。

26. 每次执行使用游标的取数、修改或_____操作的语句时，能够对表中的_____条记录进行操作。

27. 使用游标取数和释放游标的语句关键字分别为_____和_____。

28. SQL Server 2012 采用的结构化查询语言称为_____。

29. SQL Server 2012 客户机传递到服务器上的一组 Transact-SQL 语句称为_____。

30. Transact-SQL 提供了_____运算符，将两个字符数据连接起来。

31. 定义在_____数据库中的用户定义数据类型，将出现在所有以后新建的数据库中。定义在_____数据库中的用户定义数据类型，只会出现在定义它的数据库中。

32. 在 Transact-SQL 中，若循环体内包含多条语句时，必须用_____语句括起来。

33. 在 Transact-SQL 中，可以使用嵌套的 IF…ELSE 语句来实现多分支选择，也可以使用包括的_____语句来实现多分支选择。

9.3 程序填空题

1. 以下程序将实现[1,10]的奇数平方和赋给@x，偶数平方和赋给变量@y，并输出@x、@y 的值。完成该程序。

```
DECLARE @x int, @y int, @i int
SELECT @i = 1, @x = 0, @y = 0
WHILE(_____①_____)
BEGIN
  IF(_____②_____)
    SET @x = @x + @i * @i
  ELSE
    SET @y = @y + @i * @i
    SET @i = _____③_____
  END
SELECT @x, @y
```

2. 以下程序显示 26 个小写英文字母。完成该程序。

```
DECLARE @count int
SET_____①_____
WHILE @count < 26
BEGIN
  PRINT CHAR(ASCII('a') + _____②_____)
  SET @count = @count + 1
END
```

3. 以下程序用于查找 studentsdb 数据库的 grade 表中分数大于平均值的记录。完成该程序。

```
DECLARE @a numeric(5,2)
SET @a = (SELECT_____①_____FROM grade) '求分数的平均值
SELECT * FROM grade WHERE_____②_____
```

4. 以下程序用于查找 studentsdb 数据库的 grade 表中的最高分和最低分,并输出最高分和最低分之差。完成该程序。

```
DECLARE @max numeric(5,2),@min numeric(5,2)
SET @max = (SELECT ____①____ FROM grade)
SET @min = (SELECT ____②____ FROM grade)
PRINT @max-@min
```

5. 以下程序用于查找 studentsdb 数据库的 student_info 表中是否存在姓名为"马东"的记录,并显示相应的信息。完成该程序。

```
DECLARE ____①____ char(8)
SET @name = '马东'
IF(____②____(SELECT * FROM student_info WHERE 姓名 = @name))
  PRINT '姓名为' + @name + '的同学存在!'
ELSE
  PRINT '姓名为' + @name + '的同学不存在!'
```

6. 以下程序用于查找 studentsdb 数据库的 student_info 表中出生日期为 7 月的学生人数,并以表格形式输出,其标题为"人数"。完成该程序。

```
DECLARE @a int
SET @a = 7
SELECT count( * )AS____①____
FROM student_info
WHERE ____②____ = @a
```

7. 以下程序用游标 gd_cur 查找 studentsdb 数据库中的 grade 表,统计并显示表中记录总数,最后删除游标 gd_cur。完成该程序。

```
DECLARE @sid char(8),@cid varchar(10),@scr numeric(5,2)
DECLARE @count int
SET @count = 0
DECLARE gd_cur ____①____
FOR SELECT 学号,课程编号,分数 FROM grade
OPEN gd_cur
FETCH FROM gd_cur INTO @sid,@cid,@scr
WHILE____②____
BEGIN
  SET @count = @count + 1
  FETCH FROM gd_cur INTO @sid,@cid,@scr
END
CLOSE gd_cur
____③____
PRINT @count
```

8. 以下程序使用游标 grd_cur 查询并显示 studentsdb 数据库中 grade 表的每条记录,且判断出每条记录的分数等级是优秀、良好、及格还是不及格,将等级显示在每条记录的末尾。完成该程序。

```
DECLARE @sid char(4),@cid varchar(4),@scr numeric(5,2)
```

```
DECLARE grd_cur CURSOR
FOR SELECT 学号,课程编号,分数
FROM grade
OPEN        ①
FETCH FROM grd_cur INTO @sid,@cid,@scr
WHILE @@fetch_status = 0
BEGIN
  PRINT @sid + replicate(' ',3)
    + @cid + str(@scr) + replicate(' ',3)
    + (        ②
      WHEN @scr > = 90 THEN '优秀'
    WHEN @scr > = 70 THEN '良好'
    WHEN @scr > = 60 THEN '及格'
    ELSE '不及格'
END )
        ③        grd_cur INTO @sid,@cid,@scr
END
CLOSE grd_cur
DEALLOCATE grd_cur
```

9. 以下程序使用游标 upgd_cur 修改 studentsdb 数据库的 grade 表中学号为@sid 值、课程编号为@cid 值的学生记录,使其分数为@nscr 值。完成该程序。

```
DECLARE @sid char(4),@cid varchar(4)
DECLARE @nsid char(4),@ncid varchar(10),@nscr numeric(5,2)
SET @nsid = '0004'
SET @ncid = '0005'
SET @nscr = 84
DECLARE upgd_cur CURSOR
  FOR SELECT 学号,课程编号 FROM grade
OPEN upgd_cur
FETCH FROM        ①        into @sid,@cid
WHILE @@fetch_status = 0
BEGIN
  IF(@sid = @nsid and @cid = @ncid)
      ②        grade
  SET 分数 = @nscr
  WHERE CURRENT OF upgd_cur
    FETCH FROM upgd_cur        ③        @sid,@cid
END
CLOSE upgd_cur
DEALLOCATE upgd_cur
```

10. 以下程序使用 DELAY 关键字指定在执行 SELECT 语句查询 studentsdb 数据库中的 grade 表之前等待 5s。完成该程序。

```
WAITFOR DELAY        ①
SELECT * FROM grade
```

9.4 应用题

1. 在 SQL Server 管理平台的查询编辑器中编程计算并显示 1＋2＋3＋…＋50 的值。

2. 在查询编辑器中编程确定今天是星期几,要求输出格式为"星期一""星期二"等。

提示：使用函数 GETDATE()获取今天的日期,用函数 datepart()的 dw 参数获取今天是该星期的第几天。

3. 在 studentsdb 数据库中,完成以下操作:

(1) 为表 grade 声明一个游标 grade_cur。

(2) 打开 grade_cur 游标,输出这个游标中的记录行数,并以"游标 grade_cur 记录行数"作为标题。

(3) 打开 grade_cur 游标,使用该游标读取结果集中的所有记录。

(4) 关闭和释放 grade_cur 游标。

4. 声明一个全局滚动动态游标 stu_cur,用于获取 studentsdb 数据库中课程编号为'0003'的所有学生信息,其中包括学生姓名、性别、分数 3 列,并使用该游标读取结果集中的所有记录。

5. 声明一个游标 s_c_cur,要求该游标能前后滚动,用于获取 studentsdb 数据库中学号为 0002 的学生的所有课程成绩信息,包括学生姓名、课程名称、分数 3 列,并使用该游标读取结果集中的所有记录,操作完成后,关闭并释放游标。

参 考 答 案

9.1 选择题

1. B	2. B	3. D	4. C	5. C	6. A
7. D	8. D	9. B	10. A	11. C	12. C
13. D	14. B	15. D	16. ABC	17. BCD	18. AD
19. AD					

9.2 填空题

1. 整型 实型 字符型

2. 名为一个字的名字

3. 局部变量

4. 游标

5. 44 82 126

6. GO

7. 'gf'

8. 查询编辑器

9. 可执行

10. 局部变量 全局变量

11. 批处理

12. SELECT SET

13. -- /* */

14. @ @@

15. SELECT SET

16. DECLARE 逗号

17. BEGIN　END

18. 函数　表达式

19. 两　多　一

20. 单条　BEGIN…END

21. BREAK　CONTINUE

22. DECLARE CURSOR　SELECT

23. OPEN　CLOSE

24. @@FETCH_STATUS

25. CURRENT　游标名

26. 删除　一

27. FETCH　DEALLOCATE

28. Transact-SQL

29. 批处理

30. ＋

31. model　用户

32. BEGIN…END

33. CASE

9.3　程序填空题

1. ① @i<=10　　　② @i%2=0　　　③ @i+1

2. ① @count=0　　② @count

3. ① AVG(分数)　② 分数>=@a

4. ① MAX(分数)　② MIN(分数)

5. ① @name　　　② exists

6. ① 人数　　　② month(出生日期)

7. ① CURSOR　② @@fetch_status=0　③ DEALLOCATE gd_cur

8. ① grd_cur　② CASE　　　③ FETCH FROM

9. ① upgd_cur　② UPDATE　　③ INTO

10. ① '00:00:05'

9.4　应用题

1. 代码如下：

```
DECLARE @s int,@i int
SELECT @i=1,@s=0
WHILE(@i<=50)
BEGIN
  SET @s=@s+@i
  SET @i=@i+1
END
SELECT @i,@s
```

2. 代码如下：

```
SELECT CASE(DATEPART(dw,GETDATE()) + @@datefirst) % 7
```

```
WHEN 2 THEN '星期一'
WHEN 3 THEN '星期二'
WHEN 4 THEN '星期三'
WHEN 5 THEN '星期四'
WHEN 6 THEN '星期五'
WHEN 0 THEN '星期六'
WHEN 1 THEN '星期日'
ELSE NULL
END
AS '今天是'
```

3. 代码如下：

（1）

```
DECLARE grade_cur CURSOR STATIC
FOR SELECT * FROM grade
```

（2）

```
OPEN grade_cur
SELECT @@CURSOR_ROWS AS '游标 grade_cur 记录行数'
```

（3）

```
OPEN grade_cur                       -- 打开游标
FETCH NEXT FROM grade_cur
WHILE @@FETCH_STATUS = 0             -- 循环读取结果集中剩余的数据行
BEGIN
FETCH NEXT FROM grade_cur
END
```

（4）

```
CLOSE grade_cur                      -- 关闭游标
DEALLOCATE grade_cur                 -- 释放(删除)游标
```

4. 代码如下：

```
DECLARE stu_cur CURSOR
GLOBAL SCROLL DYNAMIC
FOR
SELECT 姓名, 性别, 分数
FROM student_info JOIN grade ON student_info.学号 = grade.学号
WHERE 课程编号 = '0003'
OPEN stu_cur
FETCH NEXT FROM stu_cur
WHILE @@FETCH_STATUS = 0             -- 循环读取结果集中剩余的数据行
BEGIN
FETCH NEXT FROM stu_cur
END
```

5. 代码如下：

```
DECLARE s_c_cur CURSOR               -- 声明游标
```

```
SCROLL DYNAMIC
FOR
SELECT 姓名,课程名称,分数
FROM student_info AS s JOIN grade AS g ON(s.学号 = g.学号)
JOIN curriculum AS c ON(c.课程编号 = g.课程编号)
WHERE s.学号 = '0002'
OPEN s_c_cur                    -- 打开游标
FETCH NEXT FROM s_c_cur
WHILE @@FETCH_STATUS = 0
BEGIN
FETCH NEXT FROM s_c_cur
END
CLOSE s_c_cur                   -- 关闭游标
DEALLOCATE s_c_cur              -- 释放游标
```

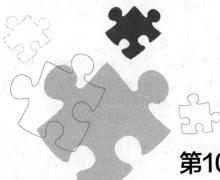

第10章 存储过程与触发器

10.1 选择题

1. SQL Server 2012 触发器主要针对下列(   )语句创建。
   A. SELECT、INSERT、DELETE
   B. INSERT、UPDATE、DELETE
   C. SELECT、UPDATE、INSERT
   D. INSERT、UPDATE、CREATE

2. 在 SQL Server 服务器上,存储过程是一组预先定义并(   )的 Transact-SQL 语句。
   A. 保存
   B. 编译
   C. 解释
   D. 编写

3. 在 SQL Server 中,触发器不具有(   )类型。
   A. INSERT 触发器
   B. UPDATE 触发器
   C. DELETE 触发器
   D. SELECT 触发器

4. 以下(   )不是创建存储过程的方法。
   A. 使用系统所提供的创建向导创建
   B. 使用管理平台创建
   C. 使用 CREATE PROCEDURE 语句创建
   D. 使用 EXECUTE 语句创建

5. 使用 EXECUTE 语句来执行存储过程时,在(   )情况下可以省略该关键字。
   A. EXECUTE 语句如果是批处理中的第一条语句时
   B. EXECUTE 语句在 DECLARE 语句之后
   C. EXECUTE 语句在 GO 语句之后
   D. 任何时候

6. 在表或视图上执行(   )语句不可以激活触发器。
   A. INSERT
   B. DELETE
   C. UPDATE
   D. SELECT

7. SQL Server 为每个触发器创建了两个临时表,它们是(   )。
   A. Inserted 和 Updated
   B. Inserted 和 Deleted
   C. Updated 和 Deleted
   D. Selected 和 Inserted

8. 创建一个名为 FindCustomer 的存储过程,用它来找出 SQL Server 的 northwind 数

据库的 customer 表中 CustomerID 为指定值（输入参数）的记录的 ContactName 字段值。再调用存储过程 FindCustomer，找出 CustomerID 为 thecr 的 ContactName 字段值。下面写出创建存储过程的代码和调用的命令中，（　　）选项是正确的。

A. --创建存储过程 FindCustomer

CREATE PROCEDURE FindCustomer

＄CustomerID char(5)

LIKE

SELECT contactName

FROM Customers WHERE CustomerID= CustomerID

--调用存储过程 FindCustomer

EXEC FindCustomer CustomerID= 'thecr'

B. --创建存储过程 FindCustomer

CREATE PROCEDURE FindCustomer

@CustomerIDchar(5)

AS

SELECT contactName

FROM Customers WHERE @CustomerID=CustomerID

--调用存储过程 FindCustomer

EXEC FindCustomer @CustomerID= 'thecr'

C. --创建存储过程 FindCustomer

CREATE PROCEDURE FindCustomer

@CustomerID char(5)

AS

SELECT contactName

FROM Customers WHERE CustomerID=@CustomerID

--调用存储过程 FindCustomer

EXEC northwind. dbo. FindCustomer CustomerID= 'thecr'

D. --创建存储过程 FindCustomer

CREATE PROCEDURE dbo. FindCustomer

@CustomerIDchar(5)

LIKE

SELECT contactName

FROM Customers WHERE CustomerID=@CustomerID

--调用存储过程 FindCustomer

EXEC FindCustomer @CustomerID= 'thecr'

第 9～12 题为多选题。

9. 下列有关存储过程的叙述正确的是（　　）。

A. SQL Server 中定义的过程被称为存储过程

B. 存储过程可以带多个输入参数，也可以带多个输出参数

C. 可以用 EXECUTE(或 EXEC)来执行存储过程

D. 使用存储过程可以减少网络流量

10. 下列有关触发器的叙述正确的是(   )。

    A. 触发器是一种特殊的存储过程

    B. 在一个表上可以定义多个触发器,但触发器不能在视图上定义

    C. 触发器允许嵌套执行

    D. 触发器在 CHECK 约束之前执行

11. 下列有关临时表 DELETED 和 INSERTED 的叙述正确的是(   )。

    A. DELETED 表和 INSERTED 表的结构与触发器表相同

    B. 触发器表与 INSERTED 表的记录相同

    C. 触发器表与 DELETED 表没有共同的记录

    D. UPDATE 操作需要使用 DELETED 和 INSERTED 两个表

12. 在 northwind 数据库中创建了一个名为 overdueOrders 的未加密存储过程。以下(   )方法可以查看存储过程的内容。

    A. EXEC sp_helptext 'overdueOrders'   B. EXEC sp_help overdueOrders

    C. EXEC sp_depends 'overdueOrders'   D. 查询 syscomments 系统表

13. 属于事务控制的语句是(   )。

    A. BEGIN TRAN、COMMIT、ROLLBACK

    B. BEGIN、CONTINUE、END

    C. CREATE TRAN、COMMIT、ROLLBACK

    D. BEGIN TRAN、CONTINUE、END

14. 当一条 SELECT 语句访问某数据量很大的表中的有限几行数据时,SQL Server 2012 通常会(   )。

    A. 为数据加上页级锁   B. 为数据加上行级锁

    C. 需要用户的干涉和参与   D. 使用户独占数据库

15. 一个事务的执行,要么全部完成,要么全部不做,一个事务中对数据库的所有操作都是一个不可分割的操作序列的属性是(   )。

    A. 原子性   B. 一致性   C. 隔离性   D. 持久性

16. 表示两个或多个事务可以同时运行而不互相影响的是(   )。

    A. 原子性   B. 一致性   C. 隔离性   D. 持久性

17. 事务的持久性是指(   )。

    A. 事务中包括的所有操作要么都做,要么都不做

    B. 事务一旦提交,对数据库的改变是永久的

    C. 一个事务内部的操作对并发的其他事务是隔离的

    D. 事务必须是使数据库从一个一致性状态变到另一个一致性状态

18. Transact-SQL 中的 COMMIT 语句的主要作用是(   )。

    A. 结束程序   B. 返回系统   C. 提交事务   D. 存储数据

19. Transact-SQL 中用(   )语句实现事务的回滚。

    A. CREATE TABLE   B. ROLLBACK

    C. GRANT 和 REVOKE   D. COMMIT

20. 事务日志用于保存（　　　）。

    A. 程序运行过程   B. 程序的执行结果

    C. 对数据的更新操作   D. 数据操作

21. 为了防止一个用户的工作不适当地影响另一个用户,应该采取（　　　）。

    A. 完整性控制   B. 访问控制

    C. 安全性控制   D. 并发控制

22. 解决并发操作带来的数据不一致问题普遍采用（　　　）技术。

    A. 封锁   B. 存取控制   C. 恢复   D. 协商

23. 下列不属于并发操作带来的问题是（　　　）。

    A. 丢失修改   B. 不可重复读   C. 死锁   D. 脏读

24. 数据库管理系统普遍采用（　　　）方法来保证调度的正确性。

    A. 索引   B. 授权   C. 封锁   D. 日志

25. 事务 T 在修改数据 R 之前必须先对其加 X 锁,直到事务结束才释放,这是（　　　）。

    A. 一级封锁协议   B. 二级封锁协议

    C. 三级封锁协议   D. 零级封锁协议

26. 如果事务 T 获得了数据项 Q 上的排他锁,则 T 对 Q（　　　）。

    A. 只能读不能写   B. 只能写不能读

    C. 既可读又可写   D. 不能读也不能写

27. 设事务 T_1 和 T_2 对数据库中的数据 A 进行操作,可能有如下几种情况,请问不会
发生冲突操作的是（　　　）。

    A. T_1 正在写 A,T_2 要读 A   B. T_1 正在写 A,T_2 也要写 A

    C. T_1 正在读 A,T_2 要写 A   D. T_1 正在读 A,T_2 也要读 A

28. 如果有两个事务,同时对数据库中同一数据进行操作,不会引起冲突的操作是（　　　）。

    A. 一个是 DELETE,一个是 SELECT

    B. 一个是 SELECT,一个是 DELETE

    C. 两个都是 UPDATE

    D. 两个都是 SELECT

29. 在数据库系统中,死锁属于（　　　）。

    A. 系统故障   B. 事务故障   C. 介质故障   D. 程序故障

30. 事务对数据库操作之前,先对（　　　）,以便获得对这个数据对象的一定控制,使得
其他事务不能更新此数据,直到该事务解锁为止。

    A. 数据加锁   B. 数据加密   C. 信息修改   D. 信息加密

10.2 填空题

1. 用户定义存储过程是指在用户数据库中创建的存储过程,其名称不能以_____为
前缀。

2. 如果存储过程名的前三个字符为 sp_,SQL Server 2012 会在_____数据库中寻找
该过程。

3. 触发器是一种特殊的_____，基于表而创建，主要用来保证数据的完整性。

4. 每个存储过程可以包含_____条 Transact-SQL 语句，可以在过程体中的任何地方使用_____语句结束过程的执行，返回到调用语句后的位置。

5. 建立一个存储过程的语句关键字为_____，执行一个存储过程的语句关键字为_____。

6. 在一个存储过程定义的 AS 关键字前可以定义该过程的_____，AS 关键字之后为该过程的_____。

7. 触发器是一种特殊的存储过程，它可以在对一个表进行_____、_____和_____操作中的任一种或几种操作时被自动调用执行。

8. 创建和删除一个触发器的语句关键字为_____和_____。

9. 如果希望修改数据库的名字，可以使用的系统存储过程是_____。

10. 在定义存储过程时，若有输入参数则应放在关键字 AS 的_____说明，若有局部变量则应放在关键字 AS 的_____定义。

11. 在存储过程中，若在参数的后面加上_____，则表明此参数为输出参数，执行该存储过程必须声明变量来接收返回值，并且在变量后必须使用关键字_____。

12. 每个存储过程向调用方返回一个整数返回代码。如果存储过程没有显式设置返回代码的值，则返回代码为_____，表示成功。

13. 在 SQL Server 中，触发器的执行由 FOR 子句的_____指定在数据的插入、更新或删除操作之后执行。

14. 创建一个存储过程必须以_____开始，存储过程中的参数以_____符号作为标识，每个参数之间以_____符号隔开。

15. 在定义输出参数时，必须带有_____关键字，其基本格式为_____。

16. 有一个存储过程 proc1，如果不带参数，执行语句格式是_____；如果带有输入参数@in1，则执行语句格式是_____；如果带有输入参数@in1 和输出参数@out1，执行语句格式是_____。

17. 如果要隐藏存储过程中的代码，可在存储过程中添加_____关键词。

18. SQL Server 中有_____、_____和_____三种类型的触发器。

19. 向表中添加记录后，添加的记录临时存储在_____表中；删除表中记录后，被删除的记录临时存储在_____表中；修改表中记录后，被修改的记录临时存储在_____表中。

20. 有表 table1，要求只有字段 F1 中的数据被添加或修改时才能激活该表中的触发器，实现此功能的条件语句是_____。

21. 触发器按激活的时机分为_____和_____两种触发方式。

22. 在 SQL Server 2012 中，一个事务是一个_____的单位，它把必须同时执行或不执行的一组操作_____在一起。

23. 在 SQL Server 2012 中，一个事务处理控制语句以关键字_____开始，以关键字_____或_____结束。

24. 在网络环境下，当多个用户同时访问数据库时，就会产生并发问题，SQL Server 2012 是利用_____完成并发控制的。

10.3 程序填空题

将下列题目中的代码应用于数据库 studentsdb。

1. 代码如下：

```
CREATE PROCEDURE st_g
AS
BEGIN
    SELECT x.学号,x.姓名,y.分数
    FROM student_info x,grade y
    WHERE x.学号 = y.学号
END
```

该程序完成的功能是：_____①_____。

2. 代码如下：

```
CREATE PROCEDURE st_ag
AS
BEGIN
    SELECT 学号,AVG(分数)AS 平均成绩
    FROM grade
    GROUP BY 学号
END
```

该程序完成的功能是：_____①_____。

3. 代码如下：

```
CREATE PROCEDURE st_upd
    (@a char(4),@b varchar(4),@c numeric(5,2))
AS
BEGIN
    UPDATE grade
    SET 分数 = @c
    WHERE 学号 = @a AND 课程编号 = @b
END
```

st_upd 执行时，输入数据为 0004、0003、86，结果是：_____①_____。

4. 代码如下：

```
CREATE PROCEDURE gd_ins
(@sid char(4),@cid varchar(4),@scr numeric(5,2))
AS
BEGIN
    INSERT INTO grade(学号,课程编号,分数)
    VALUES(@sid,@cid,@scr)
END
```

gd_ins 执行时，输入数据为 0005、0001、65，结果是：_____①_____。

5. 代码如下：

```
CREATE PROCEDURE gd_del
```

```
( @sid char(4),@cid varchar(4))
AS
BEGIN
   DELETE grade
   WHERE 学号 = @sid and 课程编号 = @cid
END
```

gd_del 执行时,输入数据为 0004、0004,结果是:_____①_____。

6. 以下代码创建和执行存储过程 proc_grade,查询 studentsdb 数据库的 grade 表中课程编号为 0002 的学号、分数信息,并且存储过程不能使用 sp_helptext 查看。完成以下程序并执行存储过程 proc_score。

```
CREATE PROC proc_grade        -- 创建存储过程 proc_grade
WITH _____①_____
AS
SELECT 学号,分数
FROM grade
WHERE 课程编号 = _____②_____
```

执行存储过程 proc_score:

```
EXEC _____③_____
```

7. 创建和执行带输入参数的存储过程 proc_list,查询 studentsdb 数据库的 grade 表中输入课程编号的成绩排名前 3 位的学生成绩信息。完成以下程序并执行存储过程 proc_list。

```
-- 创建存储过程 proc_list
CREATE PROC _____①_____
@cid char(4)
AS
SELECT TOP 3 WITH TIES 学号,分数
FROM grade
WHERE 课程编号 = @cid
ORDER BY _____②_____,学号 ASC
```

执行存储过程 proc_list,查询课程编号为 0001 的成绩排名前 3 位的学生成绩记录。

```
EXEC proc_list _____③_____
```

8. 创建和执行带输入和输出参数的存储过程 proc_avg,查询 studentsdb 数据库的 grade 表中输入课程编号的最高分、最低分和平均分。完成以下程序并执行存储过程 proc_avg。

```
-- 创建存储过程 proc_avg
CREATE PROC proc_avg
@cid char(4),
@max_scr real _____①_____,
@min_scr real OUTPUT,
@avg_scr numeric(5,2) OUTPUT
AS
SELECT @max_scr = MAX(分数),@min_scr = MIN(分数),@avg_scr = _____②_____
```

```
FROM grade
WHERE 课程编号 = @cid
GROUP BY 课程编号
```

执行存储过程 proc_avg，查询课程编号为 0003 的学生的最高分、最低分和平均分：

```
DECLARE @maxs real,@mins real,@avgs numeric(5,2)
EXEC proc_avg '0003',@maxs OUTPUT, ③,@avgs OUTPUT
SELECT @maxs AS 最高分,@mins AS 最低分,@avgs AS 平均分
```

9. 以下代码创建 UPDATE 触发器 up_grade，当 studentsdb 数据库的 grade 表中课程编号列数据被修改时，显示提示信息"用户修改课程编号列"。完成以下程序并进行更新操作。

```
CREATE ____①____ up_grade
ON grade
FOR ____②____
AS
IF UPDATE( ____③____ )
BEGIN
  PRINT '用户修改课程编号列'
END
```

在查询编辑器中运行以下更新语句：

```
UPDATE grade
SET 课程编号 = '0005'
WHERE 学号 = '0005'
```

10. 以下代码建立 DELETE 触发器 del_st_g，当 studentsdb 数据库的 student_info 表中的记录被删除时，grade 表中的所有相应记录能自动删除。完成以下程序并进行删除操作。

```
CREATE TRIGGER del_st_g
ON ____①____
FOR DELETE
AS
BEGIN
  DELETE FROM ____②____
  WHERE 学号 IN( SELECT 学号 FROM____③____ )
END
```

在查询编辑器中运行以下删除语句：

```
DELETE FROM student_info WHERE 学号 = '0003'
```

观察 student_info 表和 grade 表的记录删除情况。

11. studentsdb 数据库的 credit 表包括学号、课程编号、学分列数据。以下代码建立 INSERT 触发器 ins_cr，当为 credit 表插入记录时，检查分数是否大于或等于 60 分，若是，则从 curriculum 表取得该分数对应课程的学分，插入到表中，否则不插入。完成以下程序并进行插入操作。

```
CREATE TRIGGER ins_cr
```

```
ON credit
FOR INSERT
AS
BEGIN
DECLARE @score real,@credit int
SELECT @score = 分数 FROM inserted
SELECT @credit = curriculum.学分 FROM curriculum,    ①
WHERE curriculum.课程编号 = inserted.课程编号
IF    ②
  BEGIN
    UPDATE credit
    SET 学分 = @credit
    FROM credit,inserted
    WHERE        ③        AND credit.课程编号 = inserted.课程编号
  END
END
```

在查询编辑器中执行以下插入命令：

```
INSERT INTO credit(学号,课程编号,分数)VALUES('0001','0004',87)
INSERT INTO credit(学号,课程编号,分数)VALUES('0001','0003',57)
```

分析 credit 表中数据的差别。

12. 以下代码建立存储过程 get_credit，当执行 get_credit 时，输入学号@sid、课程名称 @cname 参数值，将查询 studentsdb 数据库的 credit、curriculum 表，并从输出参数@score、@credit 获取该学生该课程的成绩和学分，如果分数大于或等于 60 分，则返回对应课程的学分，否则返回学分值 0。完成以下程序并执行 get_credit。

```
CREATE PROC get_credit
@sid char(4),
@cname char(50),
@score real OUTPUT,
      ①
AS
SELECT @score = 分数,@credit =
  CASE
    WHEN 分数< 60 THEN 0
    ELSE     ②
  END
FROM credit AS cr JOIN curriculum AS cu ON cr.课程编号 = cu.课程编号
WHERE cr.学号 = @sid AND cu.课程名称 = @cname
```

执行存储过程 get_credit，查询学号为 0001 的学生的"SQL Server 数据库及应用"课程的成绩与学分。

```
DECLARE @score real,@credit int
EXEC get_credit '0001','SQL Server 数据库及应用',      ③      ,@credit OUTPUT
PRINT '成绩 = ' + CONVERT(varchar(6),@score)
PRINT '所获学分 = ' + CONVERT(char(2),@credit)
```

13. 系统变量@@TRANCOUNT 可以返回当前连接的活动事务数。试说明在下列

SQL 语句的执行过程中,@@ TRANCOUNT 的变化情况。

```
-- 执行事务   @@ TRANCOUNT 值
SELECT stu_score
BEGIN TRAN        ①
   DELETE FROM t1
   BEGIN TRAN        ②
      INSERT INTO t2
   COMMIT
   UPDATE t3        ③
COMMIT
```

14. 以下代码定义一个事务,为 studentsdb 数据库的 curriculum 表插入两条记录,然后提交该事务。完成该程序。

```
-- 事务开始
BEGIN       ①
INSERT curriculum(课程编号,课程名称,学分)
    VALUES('0008','体育',6)
INSERT curriculum(课程编号,课程名称,学分)
    VALUES('0009','哲学',2)
-- 提交事务
    ②
```

15. 以下代码定义一个事务,为 studentsdb 数据库的 curriculum 表插入一条记录后设置一个保存点 s,然后再向该表插入两条记录,将事务回滚到保存点 s,观察事务执行前后 curriculum 表数据变化。完成该程序。

```
-- 事务开始
BEGIN TRANSACTION
INSERT curriculum(课程编号,课程名称,学分)
    VALUES('0010','数据结构',2)
    ①      TRANSACTION s
INSERT curriculum(课程编号,课程名称,学分)
    VALUES('0011','离散数学',6)
INSERT curriculum(课程编号,课程名称,学分)
    VALUES('0012','政治',2)
-- 回滚事务到保存点 s
    ②      TRANSACTION s
```

16. 以下代码建立触发器 up_credit,当用户试图修改 studentsdb 数据库的 curriculum 表的学分列时,禁止更新,并显示提示信息。完成该程序。

```
CREATE TRIGGER up_credit
ON curriculum
FOR UPDATE
AS
IF      ①
BEGIN
   RAISERROR('禁止用户修改学分列!',10,1)
      ②      TRANSACTION
```

```
END
-- 执行以下 UPDATE 操作
UPDATE curriculum SET 学分 = 3 WHERE 课程编号 = '0001'
```

17. 以下代码定义存储过程,为 studentsdb 数据库的 curriculum 表插入过程参数指定的数据,如果课程编号或课程名称为空,则禁止插入;如果插入时产生错误,则撤销该插入操作。完成该程序。

```
CREATE PROC p_ins_c
@cnum char(4) = NULL,
@cname char(50) = NULL,
@credit int = NULLAS
IF @cnum IS NULL OR _____①_____
  BEGIN
    PRINT '必须提供课程编号,课程名称!'
    RETURN
  END
  __②__    TRANSACTION
INSERT curriculum(课程编号,课程名称,学分)
  VALUES(@cnum,@cname,@credit)
IF @@error <> 0
  BEGIN
    _____③_____    TRAN
    RETURN
  END
  PRINT '新课程已经添加'
COMMIT TRANSACTION
GO
-- 执行存储过程
EXEC p_ins_c
EXEC p_ins_c '0015'
EXEC p_ins_c '0015','数据结构'
```

查看 curriculum 表的数据变化情况。

10.4 应用题

1. 使用 Transact-SQL 语句查看、修改和删除存储过程(由 10.3 节的 6、7、8 题建立)。

(1) 在查询编辑器中,使用系统存储过程 sp_helptext 查看加密存储过程 proc_grade 和未加密存储过程 proc_list、proc_avg 的定义。注意观察执行结果,是否能够查看到存储过程 proc_grade 的定义文本。

(2) 使用系统存储过程 sp_help 查看 proc_grade、proc_list、proc_avg 等存储过程的信息。

(3) 修改存储过程 proc_grade,查询 studentsdb 数据库的 grade 表中课程编号为 0001 的学号、分数信息,去掉 proc_grade 加密性,使其在运行时重新编译。

(4) 删除存储过程 proc_grade、proc_list 和 proc_avg。

2. 在数据库 studentsdb 中完成以下操作:

(1) 在 student_info 表中增加一列,列名为"电话号码",数据类型为 char(7)。

(2) 创建存储过程 p_tel,该存储过程用来查找表 student_info 中末尾数字为 5 的电话号码。

(3) 创建存储过程 p_age,用来查询学生的年龄。该存储过程带有一个输入参数@s_name 和一个输出参数@s_age,输入参数用来输入学生姓名,输出参数用来返回该生的年龄。

(4) 创建存储过程 p_score,查询指定学生指定课程的成绩。该存储过程带有两个输入参数@s_nam、@cid 和一个输出参数@score,输入参数用来输入学生的姓名和课程编号,输出参数返回学生的成绩。

(5) 在 curriculum 表中建立 UPDATE 触发器 tr_up,如果更新 curriculum 表中的课程编号,则相应更新 grade 表的课程编号。进行 UPDATE 操作,将 curriculum 表中值为 0001 的课程编号值修改为 0012,查看相应的 grade 表的记录值是否改变。

(6) 在 student_info 表中建立 DELETE 触发器 tr_del,当删除 student_info 表中的记录时,若 grade 表中有相应的成绩记录,则不允许删除该记录,并显示该信息。从 student_info 表中删除学号为 0001 和 0007 的记录,说明产生不同操作结果的原因。

(7) 在 grade 表中建立 INSERT 触发器 tr_ins,如果 student_info 表中没有该学号与 curriculum 表中没有该课程编号,则不允许插入,并显示相应信息,如"无此学生"或"无此课程"。

3. 为 studentsdb 数据库的 student_info 表添加名称为"院系"数据列。创建一个 INSERT 触发器 tr_ins,当 student_info 表中插入一条新学生记录时,如果不是"信息院""材料院""管理院"的学生,则撤销该插入操作,并返回出错消息。生成 tr_ins 触发器后,以数据学号"0010"、姓名"王海"、性别"男"、院系"材料院"、电话号码"8670145"、家庭住址"长沙市韶山路 56 号"进行测试。

参 考 答 案

10.1 选择题

1. B	2. B	3. D	4. D	5. A	6. D
7. B	8. B	9. ABCD	10. ABCD	11. ACD	12. AD
13. A	14. B	15. A	16. C	17. B	18. C
19. B	20. C	21. D	22. A	23. C	24. C
25. A	26. C	27. D	28. D	29. B	30. A

10.2 填空题

1. sp_

2. master

3. 存储过程

4. 多 RETURN(或返回)

5. CREATE PROCEDURE EXECUTE

6. 参数 过程体

7. 插入 删除 更新(或修改)

8. CREATE TRIGGER DROP TIRGGER

9. sp_renamedb

10. 前面　后面

11. OUTPUT　OUTPUT

12. 0

13. AFTER

14. CREATE PROCEDURE　@　逗号

15. OUTPUT　参数 数据类型 OUTPUT

16. EXECUTE proc1　EXECUTE proc1 常量或变量　EXECUTE proc1 常量或变量 变量 OUTPUT

17. WITH ENCRYPTION

18. INSERT 触发器　UPDATE 触发器　DELETE 触发器

19. inserted　deleted　inserted 或 deleted

20. IF update（F1）

21. INSTEAD OF 触发　AFTER 触发

22. 并发控制　捆绑

23. BEGIN TRANSACTION　COMMIT TRANSACTION　ROLLBACK TRANSACTION

24. 数据封锁机制

10.3 程序填空题

1. ① 查找数据库 studentsdb 中所有学生的选课成绩

2. ① 查找数据库 studentsdb 中每个学生的平均成绩

3. ① 将 grade 表中学号为 0004 的学生的课程编号为 0003 的课程的成绩改为 86

4. ① 在 grade 表中插入学号为 0005、课程编号为 0001、成绩为 65 的记录

5. ① 从 grade 表中删除学号为 0004、课程编号为 0004 的学生成绩记录

6. ① ENCRYPTION　② '0002'　③ proc_grade

7. ① proc_list　② 分数 DESC　③ '0001'

8. ① OUTPUT　② AVG（分数）　③ @mins OUTPUT

9. ① TRIGGER　② UPDATE　③ 课程编号

10. ① student_info　② grade　③ deleted

11. ① inserted　② @score>=60　③ credit.学号＝inserted.学号

12. ① @credit int OUTPUT　② cr.学分　③ @score OUTPUT

13. ① 1　② 2　③ 1

14. ① TRANSACTION　② COMMIT TRANSACTION

15. ① SAVE　② ROLLBACK

16. ① UPDATE（学分）　② ROLLBACK

17. ① @ cname IS NULL　② BEGIN　③ ROLLBACK

10.4 应用题

1. 代码如下：

（1）

```
sp_helptext proc_grade
```

```
sp_helptext proc_list
sp_helptext proc_avg
```

（2）

```
sp_help proc_grade
sp_help proc_list
sp_help proc_avg
```

（3）

```
ALTER PROC proc_grade          -- 修改存储过程 proc_grade
WITH RECOMPILE
AS
SELECT 学号,分数
FROM grade
WHERE 课程编号 = '0001'
```

（4）

```
DROP PROC proc_grade,proc_list,proc_avg
```

2. 代码如下：

（1）

```
ALTER TABLE student_info
ADD 电话 char(7)
```

（2）

```
CREATE PROCEDURE p_tel
AS
SELECT * FROM student_info
WHERE 电话 like '%5'
```

（3）

```
CREATE PROCEDURE p_age
@s_name char(8),
@s_age int OUTPUT
AS
SELECT @s_name = 姓名,@s_age = (YEAR(GETDATE()) - YEAR(出生日期))
FROM student_info
WHERE 姓名 = @s_name
-- 执行存储过程,并显示返回数据:
DECLARE @s_age int
EXEC p_age '刘卫平',@s_age OUTPUT
PRINT @s_age
```

（4）

```
CREATE PROCEDURE p_score
@s_name char(8),
@cid char(4),
```

```
@score real OUTPUT
AS
SELECT @score = g.分数
FROM student_info AS s JOIN grade AS g ON s.学号 = g.学号
WHERE s.姓名 = @s_name AND g.课程编号 = @cid
-- 执行存储过程,并显示返回数据
DECLARE @score real
EXEC p_score '刘卫平','0002',@score OUTPUT
PRINT @score
```

（5）

```
CREATE TRIGGER tr_up
ON curriculum FOR UPDATE
AS
DECLARE @cid char(4)
SET @cid = (SELECT deleted.课程编号 FROM deleted)
UPDATE grade SET 课程编号 = (SELECT inserted.课程编号 FROM inserted)
WHERE 课程编号 = @cid
-- 执行以下 UPDATE 操作
UPDATE curriculum
SET 课程编号 = '0012'
WHERE 课程编号 = '0001'
```

（6）

```
CREATE TRIGGER tr_del
ON student_info FOR DELETE
AS
DECLARE @sid char(4)
SET @sid = (SELECT 学号 FROM deleted)
IF EXISTS(SELECT * FROM grade WHERE 学号 = @sid)
BEGIN
ROLLBACK TRANSACTION
PRINT '禁止删除该记录'
END
-- 执行以下 DELETE 操作
DELETE FROM student_info WHERE 学号 = '0001'
DELETE FROM student_info WHERE 学号 = '0007'
```

禁止第一条 DELETE 语句操作的执行,允许第二条 DELETE 语句操作的执行,因为 grade 表中有学号为 0001 而无学号为 0007 的学生成绩记录。

（7）

```
CREATE TRIGGER tr_ins
ON grade FOR INSERT
AS
DECLARE @sid char(4),@cid char(4)
SET @sid = (SELECT 学号 FROM inserted)
SET @cid = (SELECT 课程编号 FROM inserted)
IF NOT EXISTS(SELECT * FROM student_info WHERE 学号 = @sid)
BEGIN
```

```
ROLLBACK TRANSACTION
PRINT @sid + '该生不存在,禁止插入该记录'
END
IF NOT EXISTS(SELECT * FROM curriculum WHERE 课程编号 = @cid)
BEGIN
ROLLBACK TRANSACTION
PRINT @cid + '该课程不存在,禁止插入该记录'
END
-- 执行以下 INSERT 操作
INSERT INTO grade(学号,课程编号,分数)
VALUES('0020','0001',80)
INSERT INTO grade(学号,课程编号,分数)
VALUES('0001','0010',80)
```

3. 代码如下:

```
-- student_info 表添加"院系"列
ALTER TABLE student_info
ADD 院系 char(10)
-- 建立触发器 tri_ins
CREATE TRIGGER tri_ins
ON student_info
FOR INSERT
AS
DECLARE @depart char(10)
SELECT @depart = student_info.院系
FROM student_info, inserted
WHERE student_info.学号 = inserted.学号
IF @depart <>'信息院' and @depart <>'材料院' and @depart <>'管理院'
BEGIN
ROLLBACK TRANSACTION
-- 返回用户定义的错误信息并设置系统标志,记录发生错误
RAISERROR('不能插入非指定院系的学生信息!',16,10)
END
-- 测试 INSERT 触发器 tri_ins
INSERT student_info(学号,姓名,性别,院系,电话,家庭住址)
VALUES('0010','王海','男','材料院','8670145','长沙市韶山路 56 号')
```

第11章 数据库的安全管理

11.1 选择题

1. 当采用 Windows 验证方式登录时，只要用户通过 Windows 用户账户验证，就可（   ）到 SQL Server 数据库服务器。

  A. 连接   B. 集成   C. 控制   D. 转换

2. SQL Server 中的视图提高了数据库系统的（   ）。

  A. 完整性   B. 并发控制   C. 隔离性   D. 安全性

3. Transact-SQL 的 GRANT 和 REMOVE 语句主要是用来维护数据库的（   ）。

  A. 完整性   B. 可靠性   C. 安全性   D. 一致性

4. 在数据库的安全性控制中，授权的数据对象的（   ），授权子系统就越灵活。

  A. 范围越小   B. 约束越细致   C. 范围越大   D. 约束范围大

5. 在"连接"组中有两种连接认证方式，其中在（   ）方式下，需要客户端应用程序连接时提供登录时需要的用户标识和密码。

  A. Windows 身份验证   B. SQL Server 身份验证

  C. 以超级用户身份登录时   D. 其他方式登录时

6. （   ）数据库拥有 sysusers 表。

  A. 所有用户定义的数据库拥有 sysusers 表

  B. 所有数据库都拥有 sysusers 表

  C. master 数据库拥有 sysusers 表

  D. 这个系统表保存在 Windows 的注册表中

7. 系统管理员需要为所有的登录名提供有限的数据库访问权限，以下（   ）方法能最好地完成这项工作。

  A. 为每个登录名增加一个用户，并为每个用户单独分配权限

  B. 为每个登录名增加一个用户，将用户增加到一个角色中，为这个角色授权

  C. 为 Windows 中的 Everyone 组授权访问数据库文件

  D. 在数据库中增加 Guest 用户，并为它授予适当的权限

8. 假定存在 Guest 用户,下面(　　)情况导致登录名使用 Guest 访问数据库。

　　A. 在目标数据库上登录名没有被分配用户和别名

　　B. 登录用户有一个分配的用户名,但想以 Guest 登录使用只读权限

　　C. 登录名没有对应的 Windows 账户

　　D. 登录名在数据库中没有分配用户,但使用 dbo 作为别名

9. 使用系统管理员登录账户 sa 时,以下操作不正确的是(　　)。

　　A. 虽然 sa 是内置的系统管理员登录账户,但在日常管理中最好不要使用 sa 进行登录

　　B. 只有当其他系统管理员不可用或忘记了密码,无法登录到 SQL Server 时,才使用 sa 这个特殊的登录账户

　　C. 最好总是使用 sa 账户登录

　　D. 使系统管理员成为 sysadmin 固定服务器角色的成员,并使用各自的登录账户来登录

10. 关于 SQL Server 2012 角色的叙述中,以下(　　)不正确。

　　A. 对于任何用户,都可以随时让多个数据库角色处于活动状态

　　B. 如果所有用户、组和角色都在当前数据库中,则 SQL Server 角色可以包含 Windows 组、用户,以及 SQL Server 用户和其他角色

　　C. 存在于一个数据库中,不能跨多个数据库

　　D. 在同一数据库中,一个用户只属于一个角色

11. SQL Server 2012 中,以下(　　)用户可以用 sp_revokedbaccess 系统存储过程删除。

　　A. 固定数据库角色　　　　　　　　　　B. 固定服务器角色

　　C. public 角色　　　　　　　　　　　　D. 定义用户的 SQL Server 登录

12. 下列(　　)不是固定服务器角色。

　　A. db_owner　　　　B. sysadmin　　　　C. serveradmin　　　　D. dbcreator

13. 可以对固定服务器角色和固定数据库角色进行的操作是(　　)。

　　A. 添加　　　　　　B. 查看　　　　　　C. 删除　　　　　　D. 修改

14. 下列用户对视图数据库对象执行操作的权限中,不具备的权限是(　　)。

　　A. SELECT　　　　B. INSERT　　　　C. EXECUTE　　　　D. UPDATE

11.2　填空题

1. 在 SQL Server 2012 中,数据库的安全机制包括＿＿＿＿管理、数据库用户管理、权限管理、＿＿＿＿管理等内容。

2. 数据库的安全性管理建立在＿＿＿＿和＿＿＿＿两者机制上。

3. 要访问 SQL Server 2012 数据库服务器,用户必须提供正确的＿＿＿＿和＿＿＿＿。

4. SQL Server 2012 有＿＿＿＿和＿＿＿＿两种安全模式。

5. 对用户授予和收回数据库操作权限的语句关键字分别为＿＿＿＿和＿＿＿＿。

6. 在授予用户访问权限的语句中,所给表名选项以关键字＿＿＿＿开始,所给用户名选项以关键字＿＿＿＿开始。

7. 在收回用户访问权限的语句中,所给表名选项以关键字＿＿＿＿开始,所给用户名选项以关键字＿＿＿＿开始。

8. SQL Server 2012 与 Windows 等操作系统完全集成，可以使用 Windows 操作系统用户和域账号作为数据库的_____。

9. 如果在 Windows 上安装 SQL Server 2012，需要事先设置至少一个_____。

10. 默认情况下，SQL Server 2012 服务器的名字为_____。

11. Windows 包含一些预先定义的内置本地组和用户，如 Administrator 组、sa 登录、Users、Guest、数据库所有者(dbo)等，它们不需要_____。

12. SQL Server 的固定角色包括固定_____角色和固定_____角色两个方面。

13. SQL Server 2012 有 3 种权限，分别是_____、语句权限和_____。

14. SQL Server 登录和密码最多可包含 128 个字符，可以由任意字母、符号和数字组成，但不能包括_____、系统保留的登录名称、已经存在的名称、NULL 或空字符串。

11.3 程序填空题

1. 使用 Transact-SQL 语句为用户"刘卫平"创建一个 SQL Server 登录账户，密码为"12345"，默认数据库为 studentsdb，默认语言为 Simplified Chinese。完成以下命令。

```
EXEC    ①    '刘卫平', '12345',    ②    , 'Simplified Chinese'
```

2. 使用 Transact-SQL 语句将登录账户"刘卫平"的密码由"12345"改为"56789"。完成以下命令。

```
EXEC    ①    '刘卫平', '12345', '56789'
```

3. 使用 Transact-SQL 语句使 Windows NT 用户 Workgroup\stu_user 能够连接到 SQL Server 2012。完成以下命令。

```
EXEC    ①    'Workgroup\stu_user'
```

4. 使用 Transact-SQL 语句，在 studentsdb 数据库中建立一个名为 stu 的库角色，为 stu 角色添加用户 stu_user。完成以下命令。

```
USE studentsdb
GO
EXECUTE    ①    'stu'
EXECUTE    ②    'stu', 'stu_user'
```

5. 使用 Transact-SQL 语句，在 studentsdb 数据库的 stu 角色中删除用户 stu_user，再删除数据库角色 stu。完成以下命令。

```
USE studentsdb
GO
EXECUTE    ①    'stu', 'stu_user'
EXECUTE    ②    'stu'
```

6. 完成以下命令，删除使用 Windows 身份验证的登录账户 Workgroup\stu_user。

```
EXECUTE    ①    'Workgroup\stu_user'
```

7. 将使用 SQL Server 身份验证的登录账户"刘卫平"，添加到 studentsdb 数据库，使其成为数据库用户"刘卫平 db",然后将其添加到 studentsdb 数据库的 db_accessadmin 角色中。完成以下命令。

```
USE studentsdb
GO
EXECUTE        ①        '刘卫平','刘卫平 db'
EXECUTE sp_addrolemember '        ②        ','刘卫平 db'
EXECUTE        ③        '刘卫平 db'
```

8. 从数据库 studentsdb 中删除用户账户"刘卫平 db",再删除登录账户"刘卫平"。完成以下命令。

```
EXECUTE        ①        '刘卫平 db'
EXECUTE        ②        刘卫平
```

11.4 应用题

1. 在以下两个关系模式：

职工(职工号,姓名,年龄,职务,工资,部门号)

部门(部门号,名称,经理名,地址,电话号)

建立的 teacher 数据库的 emp 表和 dept 表中,使用 Transact-SQL 语句 GRANT,完成以下授权定义或存取控制功能。

(1) 数据库用户"刘卫平 db"对 emp 表和 dept 表有 SELECT 权力。

(2) 将李勇设置为 SQL Server 登录账户,并添加为 teacher 数据库用户,使李勇对 emp 表和 dept 表有 INSERT 和 DELETE 权力。

(3) 创建数据库用户张星星,使他对 emp 表有 SELECT 权力,对 emp 表的 sal 列具有 UPDATE 权力。

(4) 用户李勇具有创建表的权力。

(5) 数据库用户周立具有对 emp 表所有权限(读取、插入、修改、删除数据),并具有给其他用户授权的权限。

(6) 数据库用户张扬具有查看部门职工的最高工资、最低工资、平均工资的权限,但不能查看每个人的工资。

2. 对 teacher 数据库的 emp 表和 dept 表的各用户,使用 Transact-SQL 语句 REVOKE,撤销其所授予的权限。

(1) 删除数据库用户"刘卫平 db"对 emp 表和 dept 表有 SELECT 权限。

(2) 删除数据库用户李勇对 emp 表和 dept 表的 INSERT 和 DELETE 权限,并使用系统存储过程 sp_helprotect 查看李勇的当前权限。

(3) 删除数据库用户张星星对 emp 表的 SELECT 权限和对 emp 表的 sal 列的 UPDATE 权限,并使用系统存储过程 sp_helprotect 查看张星星的当前权限。

(4) 删除数据库用户李勇创建表的权限。

(5) 删除数据库用户周立对 emp 表的所有权限(读取、插入、修改、删除数据)和给其他用户授权的权限。

(6) 删除数据库用户张扬查看部门职工的最高工资、最低工资、平均工资的权限。

参 考 答 案

11.1　选择题

1. A　　　2. D　　　3. C　　　4. A　　　5. B　　　6. B　　　7. B

8. C　　　9. C　　　10. D　　　11. D　　　12. A　　　13. B　　　14. C

11.2　填空题

1. 登录账号　角色

2. 身份验证　访问许可

3. 登录账号　口令(或密码)

4. Windows 身份验证模式　混合模式

5. GRANT　REVOKE

6. ON　TO

7. ON　FROM

8. 登录账号

9. 域用户账号

10. 本地计算机名

11. 创建

12. 服务器　数据库

13. 对象权限　隐含权限

14. 反斜杠(或\)

11.3　程序填空题

1. ① sp_addlogin　　　　　　② studentsdb

2. ① sp_password

3. ① sp_grantlogin

4. ① sp_addrole　　　　　　② sp_addrolemember

5. ① sp_droprolemember　　② sp_droprole

6. ① sp_revokelogin

7. ① sp_grantdbaccess　　　② db_accessadmin　　　③ sp_helpuser

8. ① sp_revokedbaccess　　② sp_droplogin

11.4　应用题

1. 代码如下:

(1)

```
GRANT SELECT ON dept TO 刘卫平 db
GRANT SELECT ON emp TO 刘卫平 db
```

(2)

```
sp_addlogin '李勇', '23456'
EXECUTE sp_grantdbaccess '李勇', '李勇'
```

```
GRANT INSERT,DELETE ON dept TO 李勇
GRANT INSERT,DELETE ON emp TO 李勇
```

（3）

```
sp_addlogin '张星星','23456'
EXECUTE sp_grantdbaccess '张星星','张星星'
GRANT UPDATE ON emp(sal)TO 张星星
GRANT SELECT ON emp TO 张星星
```

（4）

```
GRANT CREATE TABLE TO 李勇
```

（5）

```
sp_addlogin '周立','23456'
EXECUTE sp_grantdbaccess '周立','周立'
GRANT ALL ON emp
TO 周立
WITH GRANT OPTION
```

（6）

```
-- 建立视图 v_sal
CREATE VIEW v_sal AS
SELECT MAX(sal)AS 最高工资,MIN(sal)AS 最低工资,AVG(sal)AS 平均工资
FROM emp,dept
WHERE dept.deptno = emp.deptno
GROUP BY emp.deptno
-- 建立数据库用户'张扬'
sp_addlogin '张扬'
EXECUTE sp_grantdbaccess '张扬','张扬'
-- 对 v_sal 视图定义张扬的存取权限
GRANT SELECT ON v_sal TO 张扬
```

2. 代码如下：

（1）

```
REVOKE SELECT ON emp FROM 刘卫平 db
REVOKE SELECT ON dept FROM 刘卫平 db
```

（2）

```
REVOKE INSERT,DELETE ON dept TO 李勇
REVOKE INSERT,DELETE ON emp TO 李勇
sp_helprotect NULL,李勇
```

（3）

```
REVOKE UPDATE ON emp(sal)FROM 张星星
REVOKE SELECT ON emp FROM 张星星
sp_helprotect NULL,张星星
```

（4）

REVOKE CREATE TABLE FROM 李勇

（5）

REVOKE ALL ON emp
FROM 周立
CASCADE

（6）

REVOKE SELECT ON v_sal FROM 张扬
DROP VIEW v_sal

第12章 数据库的维护

12.1 选择题

1. SQL Server 2012 的备份设备是用来存储(　　)备份的存储介质。
   - A. 数据库、文件和文件组、事务日志
   - B. 数据库、文件和文件组、文本文件
   - C. 表、索引、存储过程
   - D. 表、索引、图表

2. 当数据库损坏时,数据库管理员可通过(　　)方式还原数据库。
   - A. 事务日志文件
   - B. 主数据文件
   - C. DELETE 语句
   - D. 联机帮助文件

3. SQL Server 2012 提供了 3 种数据库恢复模型,它们是(　　)。
   - A. 简单恢复、完整恢复、大容量日志记录恢复
   - B. 简单恢复、完整恢复、差异恢复
   - C. 数据库恢复、文件恢复、事务日志恢复
   - D. 完整恢复、事务日志恢复、差异恢复

4. 下面关于 tempdb 数据库的描述不正确的是(　　)。
   - A. 是一个临时数据库
   - B. 属于全局资源
   - C. 没有权限限制
   - D. 是用户建立新数据库的模板

5. 若系统在运行过程中,由于某种硬件故障,使存储在外存上的数据部分损失或全部损失,这种情况称为(　　)。
   - A. 介质故障
   - B. 运行故障
   - C. 系统故障
   - D. 事务故障

6. 下列(　　)不是 SQL Server 2012 的系统数据库。
   - A. master 数据库
   - B. msdb 数据库
   - C. adventusrworks 数据库
   - D. model 数据库

7. 以下(　　)不是备份 SQL Server 数据的理由。
   - A. 系统或数据库相关软件瘫痪
   - B. 用户的错误操作
   - C. 将数据从一种处理器结构转移到另一种
   - D. 将数据从一个服务器转移到另一个服务器

8. 以下（　　）不是建立备份并且从中恢复的备份设备类型。

   A. 硬盘   B. 空设备

   C. 命名管理设备   D. 本地磁带设备

9. 下面（　　）命令可以备份数据库。

   A. BACKUP DATABASE   B. sp_backupdb

   C. BACKUPDATABASE   D. BACKUP DB

10. 在数据库执行恢复前，系统将进行安全性检查，当遇到以下（　　　）情况时，数据库恢复无法进行。

   A. 还原操作中的数据库名称与备份集中记录的数据库名称不匹配

   B. 还原操作中命名的数据库与数据库备份中包含的数据库是同一个数据库，并已存在服务器上

   C. 还原操作自动创建一个或多个文件，且服务器上没有同名文件存在

   D. 重新创建一个数据库

11. 以下（　　　）操作能从备份设备 abc1 中恢复完整数据库 abc 的备份，且回滚未提交的事务。

   A. RESTORE DATABASE abc FROM abc1 WITH NORECOVERY

   B. RESTORE DATABASE abc FROM abc1

   C. RESTORE DATABASE abc FROM abc1 WITH FILE＝2

   D. RESTORE DATABASE abc FROM abc1 WITH RESTART

12. 如果用户对表执行了一个非法的删除操作而引起数据破坏，在数据库停止工作时，已经进行了事务日志的备份，（　　　）解决这个问题。

   A. 恢复最近的备份，然后应用备份之后制作的所有事务日志

   B. 运用自上次备份之后记录的所有事务日志

   C. 恢复最近的备份，然后让用户重新构造备份后丢失的数据

   D. 恢复最近的备份，然后运用直到失败时为止的事务日志

13. 以下（　　）选项叙述正确。

   A. 简单恢复模型不允许高性能大容量复制操作

   B. 完整恢复模型可以恢复到任意即时点

   C. 大容量日志记录恢复可以允许数据库恢复到任意即时点

   D. 完整恢复模型在大容量复制时会造成严重数据丢失

14. SQL Server 数据格式和以下（　　　）数据库管理系统或数据格式之间不能进行数据转换。

   A. Access 数据库   B. Excel 格式文件

   C. TXT 文件   D. BMP 格式

15. 以下（　　　）不是 SQL Server 导入导出时要选择传输的数据来源。

   A. 从源数据库复制表和视图

   B. 用一条查询指定要传输的数据

   C. 从备份的数据文件中

   D. 在 SQL Server 数据库之间复制对象和数据

12.2 填空题

1. 备份是指制作数据库结构、_____和数据的副本,以便在数据库遭到破坏的时候能够_____数据库。

2. 备份设备是数据库备份的目标载体,允许使用 3 种类型的备份设备,分别是_____、_____、_____。

3. 数据库备份常用的两类方法是_____备份和_____备份。

4. 数据库恢复是指将_____加载到服务器中的过程。

5. 数据库备份和恢复的 Transact-SQL 语句分别是_____和_____。

6. 4 种数据库备份方式分别是_____备份、差异备份、_____备份、文件或文件组备份。

7. SQL Server 2012 提供 3 种数据库恢复模型,分别为_____、_____和_____。

8. SQL Server 2012 的数据库分为_____和_____两种类型。

9. 系统存储过程 sp_addumpdevice 是用来创建一个_____。

10. 每个 SQL Server 2012 数据库都包括_____、_____、_____和 tempdb 共 4 个系统数据库。

11. 数据库恢复中的 RECOVERY 选项指定在数据库恢复完成后 SQL Server 回滚被恢复的数据库中所有未完成的事务,以保持数据库的_____。

12. 当数据库被破坏后,如果事先保存了_____和数据库的备份,就有可能恢复数据库。

13. 数据导入导出是用于在不同的 SQL Server 服务器之间,以及在 SQL Server 与其他数据库管理系统或数据格式之间进行_____。

14. 导入数据是从 SQL Server 的_____中检索数据,并将数据插入到 SQL Server 表的过程。

15. 导出数据是将 SQL Server 实例中的数据析取为某些用户_____的过程,例如将 SQL Server 表的内容复制到 Microsoft Access 数据库系统中。

12.3 程序填空题

1. 以下代码添加本地磁盘备份设备 stubackup,备份整个 studentsdb 数据库到 stu1,完成该操作。

```
USE studentsdb
EXEC    ①    'disk','stubackup','D:\数据库备份\stu1.bak'
        ②    DATABASE studentsdb TO stubackup
```

2. 完成以下代码,在磁盘备份设备 stubackup 中对 studentsdb 数据库进行差异备份和日志备份。

```
BACKUP DATABASE studentsdb TO stubackup
WITH     ①    ,NOINIT
BACKUP    ②    studentsdb TO stubackup WITH NOINIT
```

3. 完成以下代码,将 studentsdb 数据库的文件 studentsdb_data 备份到本地磁盘设备 stufileback。

```
USE studentsdb
EXEC sp_addumpdevice 'disk','     ①     ','D:\数据库备份\stufile.bak'
BACKUP DATABASE studentsdb     ②     = 'studentsdb_data' TO stufileback
```

4. 完成以下代码,添加网络磁盘备份设备 networkdevice。

```
USE studentsdb
EXEC sp_addumpdevice 'disk',
     '     ①     ','\\servername\sharename\path\filename.ext'
```

5. 完成以下代码,从本地磁盘备份设备 stubackup 还原整个数据库 studentsdb。

```
RESTORE DATABASE studentsdb     ①     stubackup
```

6. 完成以下代码,为数据库 studentsdb 还原差异备份。

```
     ①     DATABASE studentsdb FROM stubackup
WITH NORECOVERY
RESTORE DATABASE studentsdb
FROM stufileback
     ②     FILE = 2
```

12.4　应用题

1. 使用 SQL Server 管理平台备份数据库 studentsdb,备份位置为"D:\备份数据库",写出其操作步骤。

2. 在 SQL Server 管理平台中,从备份文件"studentsdb1 备份.bak"对 studentsdb 数据库进行还原,写出其操作步骤。

3. 纯文本文件 courses.txt 中的数据如下所示,数据之间以逗号分隔。使用管理平台将 courses.txt 文件导入到数据库 studentsdb 的表 curriculum 中,写出其操作步骤。

课程编号,课程名称,学分

0011,离散数学,2

0012,电子技术,3

0013,计算机网络,2

4. 使用数据导入与导出工具,将数据库 studentsdb 的 student_info 表中的数据导出到 Excel 表中数据库中,命名为 students.xls,写出其操作步骤。

参 考 答 案

12.1　选择题

1. A　　2. A　　3. A　　4. D　　5. A　　6. C　　7. C　　8. B

9. A　　10. A　　11. B　　12. B　　13. B　　14. D　　15. C

12.2　填空题

1. 对象　修复

2. 硬盘　磁带　命名管道

3. 物理　逻辑

4. 数据库备份

5. BACKUP DATABASE　RESTORE DATABASE

6. 完全　事务日志

7. 简单恢复　完整恢复　大容量日志记录恢复

8. 系统数据库　用户数据库

9. 备份设备

10. master　model　msdb

11. 一致性

12. 日志文件

13. 数据转换

14. 外部数据源

15. 指定格式

12.3　程序填空题

1. ① sp_addumpdevice　　　② BACKUP

2. ① DIFFERENTIAL　　　② LOG

3. ① stufileback　　　② FILE

4. ① networkdevice

5. ① FROM

6. ① RESTORE　　　② WITH

12.4　应用题

略。

第13章 数据库应用系统开发

13.1 选择题

1. 数据库设计中,确定数据库存储结构,即确定关系、索引、备份等数据的存储安排和存储结构是数据库设计的(   )。

    A. 概念设计　　　　　B. 逻辑设计　　　　　C. 物理设计　　　　　D. 全局设计

2. 假设设计数据库性能用"开销",即时间、空间及可能的费用来衡量,则在数据库应用系统生存期中存在很多开销。其中,对物理设计者来说,主要考虑的是(   )。

    A. 规划开销　　　　　B. 设计开销　　　　　C. 操作开销　　　　　D. 维护开销

3. 数据库物理设计完成后,进入数据库实施阶段,下述工作中,(   )一般不属于实施阶段的工作。

    A. 建立表结构　　　　B. 系统调试　　　　　C. 加载数据　　　　　D. 扩充功能

4. 假如采用关系数据库系统来实现应用,在数据库设计的(   )阶段,需要将 E-R 模型转换为关系数据模型。

    A. 概念设计　　　　　B. 物理设计　　　　　C. 逻辑设计　　　　　D. 运行阶段

5. 在 VB.NET 窗体中,工具箱在默认状态下位于编辑界面的(   )边,其上面提供多种不同的工具让用户选择。

    A. 左　　　　　　　　B. 右　　　　　　　　C. 上　　　　　　　　D. 下

6. VB.NET 的变量名最长不能超过(   )个字符。

    A. 1024　　　　　　　B. 255　　　　　　　　C. 256　　　　　　　　D. 1023

7. VB.NET 定义变量名称必须以(   )开头。

    A. 数字　　　　　　　B. 字母或下画线　　　C. @　　　　　　　　D. 空格

8. 通常在应用程序中要使用的变量必须先声明才能使用,变量是用(   )来定义。

    A. type　　　　　　　B. dim　　　　　　　　C. sub　　　　　　　　D. set

9. (   )对象是负责建立应用程序与数据源之间的连接,数据源包括 SQL Server、Access 或可以通过 OLE DB 进行访问的其他数据源。

    A. Command　　　　　B. Connection　　　　C. Recordset　　　　　D. ADO

10. Connection 对象是 ADO. NET 对象和数据连接的桥梁,当数据库被连接后,可通过( )对象执行 SQL 命令。

    A. DataSet   B. ADO   C. Recordset   D. Command

13.2 填空题

1. 一个数据库应用系统的开发过程大致相继经过_____、_____、逻辑设计、物理设计、数据库实施、运行维护等 6 个阶段。

2. 需求分析阶段的主要目标是画出_____、建立_____和编写_____。

3. 概念设计阶段的主要任务是根据_____的结果找出所有数据实体,画出相应的_____。

4. 在学生选课活动中,存在两个实体,分别称为_____和_____。

5. 设计数据库的逻辑结构模式时,首先要设计好_____,然后再设计好各个_____。

6. 在学生成绩管理中,涉及的基本表有 3 个,它们分别为_____、_____和学生选课信息表。

7. ADO. NET DataProvider 用于连接数据源、执行命令和获取数据。它包含了 4 个核心对象,分别为_____、_____、_____和 DataAdapter 对象。

8. SQL Server. NET 数据提供程序类位于 System. Data. SqlClient 命名空间,编写程序前需在 Visual Studio 2013"项目"→"属性"中的"_____"选项卡中导入 System. Data. SqlClient 命名空间。

9. 数据集是容器,需要用数据来填充它,DataSet 对象的填充可以通过调用 DataAdapter 对象的_____方法来实现。

13.3 应用题

1. VB. NET 中采用数据的简单绑定浏览数据库 studentsdb 的表 student_info。

要求:

(1) 设计窗体 Form1,通过文本框、标签等绑定控件,显示"学生"表中的记录,其界面如图 2-7 所示。

(2) 设计窗体 Form2,使用数据网格控件浏览 studentsdb 数据库的"课程"表,其操作界面如图 2-8 所示。

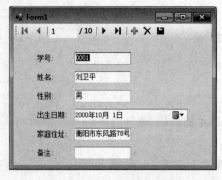

图 2-7 学生信息设计界面

图 2-8 网格控件浏览课程信息

提示：方法参考实验 12 的实验内容与步骤。

2. 设计窗体 Form3,实现学生成绩的添加。通过 ComboBox 显示 studentsdb 数据库的"学生"表的学号、姓名,以及"课程"表的编号、课程名称。输入成绩后,将学生的成绩添加到"成绩"表中,其操作界面如图 2-9 所示。

3. 设计窗体 Form4,通过输入学生学号分别从"学生"表、"成绩"表和"课程"表中查询指定学号的所选课程名称与各课程的成绩信息,显示在 Form4 窗体中,显示界面如图 2-10 所示。

图 2-9 学生成绩添加界面

图 2-10 查询学生选课成绩界面

参 考 答 案

13.1 选择题

1. C 2. C 3. D 4. C 5. A 6. B
7. B 8. B 9. B 10. D

13.2 填空题

1. 需求分析 概念设计

2. 数据流图 数据项之间的关系 数据字典

3. 需求分析 E-R 图

4. 学生 课程

5. 数据库表 视图

6. 课程信息表 成绩登记表

7. Connection 对象 Command 对象 DataReader 对象

8. 引用

9. Fill

13.3 应用题

略。

第三部分

应用案例

应用案例部分是在课程学习的基础上加以拓展,以培养数据库应用开发技术为目标,通过对一个数据库应用系统设计与实现过程的分析,帮助读者掌握开发 SQL Server 2012 数据库应用系统的一般设计方法与实现步骤。 学习应用案例会对读者进行系统开发能起到示范或参考作用。下面以商场信息管理系统为例,介绍系统的设计与实现方法。 通过本部分的学习,读者可以掌握如何以 VB.NET 为前端应用程序开发工具实现人机交互,以 SQL Server 2012 为后端服务器实现数据的处理。

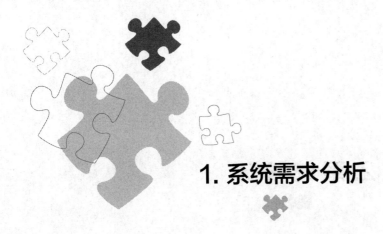

1. 系统需求分析

商品信息管理系统主要实现对商品信息的管理,从实用的角度考虑,要求该系统实现如下功能。

(1) 系统登录功能:负责程序的安全,使有合法身份的用户才能登录。

(2) 用户管理功能:实现用户的管理,一般用户可以进入系统修改自己的密码,系统管理员可以添加新用户,设置新用户的权限。

(3) 商品信息录入功能:实现对商品信息录入。

(4) 数据查询功能:通过各种条件实现对已有的商品信息的查询操作。

(5) 数据修改功能:实现对已有的数据进行修改、删除或添加新的商品信息。

(6) 数据显示功能:使用图表方式向用户显示商品的库存数量。

2.系统设计

商品信息管理系统的设计分为客户端设计和服务器端设计两部分。

2.1 客户端设计

商品信息管理系统客户端的基本结构如图 3-1 所示。该系统要求实现的基本功能较为简单,主要实现对商品信息的录入和管理,包括用户管理、数据录入、数据修改、数据查询、库存信息 5 个界面。

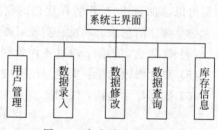

图 3-1 客户端的基本结构

程序员在开发客户端和服务器端程序时,首先必须知道客户端所需界面要求实现的基本功能,然后通过程序代码来实现。商品信息管理系统中各模块的基本功能如下。

(1)用户管理模块:主要用于录入用户的基本信息,其基本功能要求实现添加用户信息。

(2)数据录入模块:主要用于录入商品的详细信息,以便加强对商品的管理,其基本功能要求添加商品信息。

(3)数据修改模块:主要用于修改商品信息,并更新商品数据表。

(4)数据查询模块:主要通过表单形式查询所有商品的信息,其基本功能要求实现逐条记录查询,也可通过条件过滤进行查询,并可以对查询的信息进行修改或删除等操作。

(5)库存信息模块:通过图表的形式显示出当前库存中各商品的相关信息。

2.2 服务器端设计

1. 数据信息分析与采集

根据前面的系统功能分析可知,该系统的数据来源主要是商品及用户信息。

(1)商品基本信息:主要存储商品的相关信息,包括商品的编号、名称、价格、单位、进货时间、数量、供应商等。本系统中许多对数据库的访问都是针对它的。

(2)用户基本信息:主要用于存储系统的用户信息,包括编号、用户名、密码、权限和权限等级等。应用程序根据用户等级进行数据库访问的安全控制。

根据系统功能分析及数据分析,确定本系统需要两个基本数据表,即商品信息表、用户信息表,其基本结构如图 3-2 和图 3-3 所示。

列名	数据类型	允许 Null 值
编号	int	☐
名称	nvarchar(20)	☐
价格	money	☐
单位	nvarchar(5)	☐
进货时间	smalldatetime	☐
数量	int	☐
供应商	nvarchar(50)	☐
备注	nvarchar(200)	☑

图 3-2　商品信息表

列名	数据类型	允许 Null 值
编号	int	☐
用户名	nvarchar(50)	☐
密码	nvarchar(50)	☐
权限	nvarchar(50)	☐
权限等级	int	☐

图 3-3　用户信息表

当用户修改商品信息时,需要记录一些简单信息,系统还需要商品信息修改记录表来存储这些信息。当用户修改商品信息时,该表由相应的触发器来填写,如图 3-4 所示。

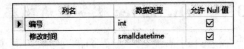

列名	数据类型	允许 Null 值
编号	int	☑
修改时间	smalldatetime	☑

图 3-4　商品信息修改记录表

2. 创建数据库与数据表

服务器端数据处理是通过 SQL Server 2012 管理平台来实现的,因此需通过 SQL Server 来创建数据库和数据表,操作步骤如下:

(1) 启动 SQL Server 管理平台,在"对象资源管理器"窗口中选择"数据库"结点,右击,在弹出的快捷菜单中选择"新建数据库"命令,输入新建的数据库名称"商品信息管理系统",单击"确定"按钮,新数据数据库成功。

(2) 此时,在"对象资源管理器"窗口中展开"数据库"→"商品信息管理系统"结点,在"表"结点上右击,在弹出的快捷菜单中选择"新建表"命令,弹出"表设计器"对话框,在该对话框中根据图 3-2 输入字段名称,并设置数据类型和大小,以"商品信息表"命名该表。

(3) 按照步骤(2),并根据图 3-3 和图 3-4,新建"用户信息表"和"商品信息修改日志表"。

3.系统实现

3.1　SQL Server 服务器端数据处理

通过对系统客户端界面的分析,知道了每个界面要求实现的基本功能,就可以开发服务器端数据处理程序。

在数据库商品信息管理系统中,用户修改商品信息由触发器 tr_UpPrd 和存储过程 proc_Prd 来完成,方法是:当用户试图修改商品信息表时,触发器 tr_UpPrd 触发,触发器调用的存储过程 proc_Prd 将修改的商品编号和修改时间写入商品信息修改日志表中。

1. 存储过程 proc_Prd 设计

存储过程 proc_Prd 的作用是:当触发器 tr_UpPrd 调用存储过程 proc_Prd 时,proc_Prd 接收调用时参数传来的商品编号,并将该值写入商品信息修改日志表中,商品信息修改时间取默认值,即修改时的时间,由 GETDATE()获得。创建存储过程 proc_Prd 的代码如下:

```
USE 商品信息管理系统
IF EXISTS(SELECT name FROM sysobjects
WHERE name = 'proc_Prd' AND type = 'p')
DROP PROCEDURE proc_Prd
Go
CREATE PROCEDURE proc_Prd @编号 int
AS
INSERT 商品信息修改表 VALUES(@编号,DEFAULT)
GO
```

2. 触发器 tr_UpPrd 设计

触发器 tr_UpPrd 的作用是:当用户删除、更新商品信息时,该触发器触发,触发器从 doloted 表中取出商品编号,并调用存储过程 proc_Prd 完成商品修改信息的记录。其代码如下:

```
USE 商品信息管理系统
IF EXISTS(SELECT name FROM sysobjects
WHERE name = 'tr_UpPrd' AND type = 'TR')
```

```
DROP PROCEDURE tr_UpPrd
Go
CREATE TRIGGER tr_UpPrd
ON 商品信息表
FOR DELETE,UPDATE
AS
DECLARE @编号 int
SELECT @编号 = 编号 FROM deleted
EXEC proc_Prd @编号
GO
```

3.2 创建项目与主窗体

本系统使用 VB. NET 来开发应用程序,为用户提供访问数据库的界面。通过应用程序访问数据库,可以避免用户直接访问数据库,提高数据库的安全性,同时提供友好的人机交互界面使数据库管理人员更好地使用数据库。

1. 创建 VB. NET 项目与设置窗体属性

启动 VB. NET 开发环境后,选择"文件"→"新建项目"命令,在"新建项目"对话框中选择"项目类型"为 Visual Basic,项目模板为"Windows 窗体应用程序",在"位置"文本框中输入 Windows 应用程序的位置,将项目命名为 GoodsManagementSys,如图 3-5 所示,单击"确定"按钮进入 VB. NET 集成开发环境。

图 3-5 "新建项目"对话框

VB. NET 自 动 生 成 一 个 窗 体 Form1，将 其 命 名 为 MainWnd。选 择"项 目"→ "GoodsManagementSys 属性"命令，在"项目属性"对话框的"应用程序"选项卡中，取消选中 "启用应用程序框架"，并在"启动对象"下拉列表中选择 Sub Main 项，当应用程序启动时， 先调用名为 Main 的子程序，该 Main 子程序包含在项目的模块文件中。

在 GoodsManagementSys 项目属性对话框的"引用"选项卡中，导入命名空间中选择 System. Data. SqlClient。

2. 创建项目模块

VB. NET 中的模块可用来定义公共变量，同时也可用来启动程序。在本系统中，每个 模块都会访问数据库，对数据的许多操作基本上是相同的。为此，可以将数据库的操作设计 成一个被各模块调用的函数放入公共模块。另外，在多文档界面中，每次调用子窗体时，都 要设置其在主窗体的位置，该位置就由一个公共函数来完成。

创建模块步骤如下：

（1）在"解决方案资源管理器"窗口的 GoodsManagementSys 项目上右击，在弹出的快 捷菜单中选择"添加"→"模块"命令。

（2）模块名称命名为 ConfigModule。

（3）在"解决方案资源管理器"中双击 ConfigModule 模块，打开代码设计窗口，在模块 的全局说明区定义公共变量，代码如下：

```
Public connectionString As String    '连接字符串
Public username As String            '登录用户名
Public intAuthority As Integer        '权限值
```

（4）在 modulel 模块中，定义 Main 子程序，当第一次进入应用程序时，Main 子程序将 激活，代码如下：

```
Public Sub Main()
    Dim LoginWnd As New LoginWnd
    connectionString = "Data Source = (local);Initial Catalog = 商品信息管理系统;Integrated
Security = True"
    LoginWnd.ShowDialog()
```

End Sub 在 Main 子程序中定义了访问数据库商品信息管理系统的连接字符串 connectionString，连接字符串中的数据源地址、用户名和密码根据实际情况进行修改，并启 动 LoginWnd 窗体。

3. 创建主窗体

主窗体用于定位应用程序的不同部分，为应用程序提供导航功能。本系统采用多文档 界面，使用户方便地在各个应用程序之间切换，且多文档窗体还可以少占系统资源。创建主 窗体的一般步骤如下。

（1）在项目 GoodsManagementSys 中添加一个窗体，窗体 Name 属性设置为 MainWnd，Text 属性设置为"商品信息管理系统"，IsMdiContainer 属性设置为 True， WindowState 属性设置为 Maximized，窗体界面如图 3-6 所示。

（2）在窗体上添加菜单。从工具栏中，将 MenuStrip 控件拖动到"商品信息管理系统" 窗体中，菜单的标题、名称及调用的窗体名称如表 3-1 所示。

图 3-6　"商品信息管理系统"主窗体

表 3-1　商品信息管理系统菜单的标题及调用的窗体名称

标　题	名　称	调用的窗体名称
用户管理	mnUser	UserManageWnd
数据录入	mnuInsert	GoodsInsertWnd
数据修改	mnuUpdate	GoodsUpdateWnd
数据查询	mnuQuery	GoodsQueryWnd
库存信息	mnuStock	GoodsStockWnd

（3）系统要求进行用户权限控制，控制的方法是在调用应用模块之前对用户的权限进行验证，若有权限调用该应用模块，则可进入主界面。例如，以下代码是对"数据录入"模块的权限验证及调用。

```
Private Sub mnuUpdate_Click(sender As Object, e As EventArgs) Handles mnuUpdate.Click
    If intAuthority = 1 Or intAuthority = 2 Or intAuthority = 4 Then
        Dim goodsUpdateWnd As New GoodsUpdateWnd
        goodsUpdateWnd.Show()
    Else
        MessageBox.Show("对不起,你没有相应的权限")
    End If
End Sub
```

其他菜单命令也按此方法添加代码来实现调用，在调用前确定各模块的级别和权限等级，各模块级别及权限等级按其重要性进行编号，参见后面的表 3-3。

3.3　用户登录功能的实现

用户登录是为了确定该用户是否具备使用系统的权力及访问各模块的权限。登录时，用户输入用户名和密码，单击"登录"按钮，应用程序将输入的用户名和密码与商品数据信息管理系统库的用户信息表中的已有用户信息进行比较，如果有相符的记录，则该用户有权进入系统，并确定该用户的权限等级，以便进行模块访问时验证。"系统登录"窗体界面如图 3-7 所示。

"系统登录"窗体的用户验证在"登录"按钮中执行，其代码如下：

图 3-7　"系统登录"窗体界面

```
'定义全局变量 currentUser、intAuthority,用于进入系统后的模块权限验证
Public intAuthority As Integer '权限值
Public loginUser As String '当前登录的用户
'当单击"取消"按钮时,执行 btnCancel_Click()事件
Private Sub btnCancel_Click(sender As Object, e As EventArgs) Handles btnCancel.Click
Me.Close()
End Sub
'当单击"登录"按钮时,执行 btnLogin_Click()事件
Private Sub btnLogin_Click(sender As Object, e As EventArgs) Handles btnLogin.Click
errorProvider.Clear()
    If txtBoxUsername.Text = "" Then
        txtBoxUsername.Text = "请输入用户名"
        txtBoxUsername.SelectAll()
        txtBoxUsername.Focus()
        Exit Sub
    End If
    If txtBoxPassword.Text = "" Then
    txtBoxPassword.Focus()
        Exit Sub
    End If
    Dim queryString As String = "SELECT * FROM 用户信息表 WHERE 用户名 = (@Username) And 密
码 = (@Password)"
        Dim con As New SqlConnection(connectionString)
        Try
            con.Open()
        Catch ex As Exception
            MessageBox.Show("连接失败")
            Exit Sub
        End Try
    Dim cmd As New SqlCommand(queryString, con)
        cmd.Parameters.Add("@Username", SqlDbType.VarChar)
        cmd.Parameters("@Username").Value = txtBoxUsername.Text
        cmd.Parameters.Add("@Password", SqlDbType.VarChar)
        cmd.Parameters("@Password").Value = txtBoxPassword.Text
        Try
        Dim adapter As New SqlDataAdapter()
        adapter.SelectCommand = cmd
            Dim dataset As New DataSet
            adapter.Fill(dataset)
            If dataset.Tables(0).Rows.Count >= 1 Then
                username = txtBoxUsername.Text
                intAuthority = Convert.ToInt32(dataset.Tables(0).Rows(0).Item("权限等级"))
                Dim mainWnd As New MainWnd
                mainWnd.Show()
                Finalize()
            Else
                'MessageBox.Show("登录失败")
                errorProvider.SetError(btnLogin, "用户名或者密码错误")
```

```
        End If
    Catch ex As Exception
        MessageBox.Show("数据库操作失败")
        con.Close()
    End Try
    con.Close()
End Sub
```

当单击"登录"按钮时,进行以下操作。

(1) 先判断用户是否输入用户名,如果没有,则提示用户重新输入用户名。

(2) 输入了用户名,从用户信息表中提取输入的用户名记录返回给数据集 dataset,并判断数据集中是否有记录。如果是记录行数为 0,说明在 Users 表中无该用户名记录,提示重新输入用户名。如果为 1,则判断记录中的密码是否与输入密码相同。如果相同,则将"权限"等级赋给全局变量 intAuthority,将用户名赋给变量 loginUser;如果不相同,则提示重新输入密码。

3.4 用户管理功能的实现

用户管理功能实现对系统的所有用户的管理。系统根据不同的权限等级,"用户管理"可以执行不同的功能。系统管理员可以修改自己的密码,还可以向系统添加新的用户,并为新用户分配相应的权限。而其他用户都只能修改自己的密码。在"用户管理"进行的各项操作都将存储在商品信息管理系统数据库的用户信息表中。

"用户管理"窗体(UserManageWnd)的界面如图 3-8 所示。"用户管理"窗体通过 3 个文本框输入用户名、密码、确认密码,用户权限由下拉列表框来设置。在此窗体上,完成用户添加、删除、修改功能,它们由 3 个命令按钮来实现,系统所有用户由数据网络显示。

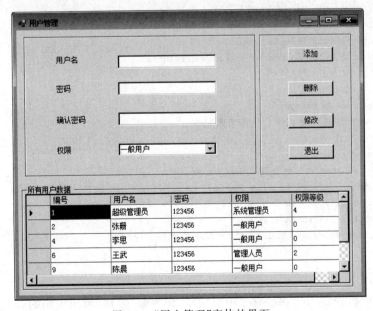

图 3-8 "用户管理"窗体的界面

"用户管理"窗体的控件及属性值如表 3-2 所示。

表 3-2 "用户管理"窗体的控件及属性值

控件名称	属性	属性值	控件名称	属性	属性值
Label	Name	Label1	TextBox	Name	txtBoxPassword2
	Text	用户名	ComboBox	Name	cboAuthority
Label	Name	Label2		DropDownStyle	DropDownList
	Text	密码	DataGridView	Name	datagridview
Label	Name	Label3	Button	Name	btnAdd
	Text	确认密码		Text	添加
Label	Name	Label4	Button	Name	btnDelete
	Text	权限		Text	删除
TextBox	Name	txtBoxUserName	Button	Name	btnModify
TextBox	Name	txtBoxPassword1		Text	修改
GroupBox1	Text	空	Button	Name	btnExit
GroupBox1	Text	所有用户数据		Text	退出

1. 窗体装载

窗体装载时,首先执行 UserManageWnd_Load 事件,加载下拉列表框中的信息,在数据网格中显示所有用户,同时判断用户的权限,代码如下:

```
Private Sub UserManageWnd_Load(sender As Object, e As EventArgs) Handles MyBase.Load
    cboAuthority.Items.Clear()
    cboAuthority.Items.Add("一般用户")
        cboAuthority.Items.Add("数据修改者")
        cboAuthority.Items.Add("管理人员")
        cboAuthority.Items.Add("数据录入员")
        cboAuthority.Items.Add("系统管理员")
        cboAuthority.SelectedIndex = 0
        Dim con As New SqlConnection(connectionString)
        Try
            con.Open()
        Catch ex As Exception
            MessageBox.Show("连接失败")
            Exit Sub
        End Try
        Dim adapter As New SqlDataAdapter()
        adapter.SelectCommand = New SqlCommand("SELECT * FROM 用户信息表", con)
        Dim dataset As New DataSet
        adapter.Fill(dataset)
        datagridview.DataSource = dataset.Tables.Item(0)
    End Sub
```

2. 添加用户

要在系统中添加新用户,必须在"用户管理"窗体的"添加"按钮中添加以下代码:

```
Private Sub btnAdd_Click(sender As Object, e As EventArgs) Handles btnAdd.Click
        errerProvider.Clear()
```

```
If txtBoxUsername.Text = "" Then
    txtBoxUsername.Text = "用户名必须填写"
    txtBoxUsername.SelectAll()
    txtBoxUsername.Focus()
    errerProvider.SetError(txtBoxUsername, "用户名不能为空")
    Exit Sub
Else
    errerProvider.Clear()
End If
If txtBoxPassword1.Text = "" Then
    errerProvider.SetError(txtBoxPassword1, "密码不能为空")
    Exit Sub
Else
    errerProvider.Clear()
End If
If txtBoxPassword1.Text <> txtBoxPassword2.Text Then
    errerProvider.SetError(txtBoxPassword2, "两次密码不一致")
    Exit Sub
Else
    errerProvider.Clear()
End If
Dim queryString As String = " SELECT Count ( * ) FROM 用户信息表 WHERE 用户名 =
(@UsernameCheck)"
Dim conCheck As New SqlConnection(connectionString)
Try
    conCheck.Open()
Catch ex As Exception
    MessageBox.Show("连接失败")
    Exit Sub
End Try
Dim cmd As New SqlCommand(queryString, conCheck)
cmd.Parameters.Add("@UsernameCheck", SqlDbType.VarChar)
cmd.Parameters("@UsernameCheck").Value = txtBoxUsername.Text
Try
    Dim ret As Integer = Convert.ToInt32(cmd.ExecuteScalar)
    If ret >= 1 Then
        errerProvider.SetError(btnAdd, "用户已经存在")
        Exit Sub
    End If
Catch ex As Exception
    MessageBox.Show("数据库操作失败")
    conCheck.Close()
    Exit Sub
End Try
conCheck.Close()
Dim insertString = "INSERT INTO 用户信息表(用户名, 密码, 权限, 权限等级) VALUES
((@Username), (@Password), (@Authority), (@AuthorityRank))"
Dim conInsert As New SqlConnection(connectionString)
Try
    conInsert.Open()
Catch ex As Exception
```

```
                MessageBox.Show("连接失败")
                Exit Sub
            End Try
        Dim cmdInsert As New SqlCommand(insertString, conInsert)
        cmdInsert.Parameters.Add("@Username", SqlDbType.VarChar)
        cmdInsert.Parameters("@Username").Value = txtBoxUsername.Text
        cmdInsert.Parameters.Add("@Password", SqlDbType.VarChar)
        cmdInsert.Parameters("@Password").Value = txtBoxPassword1.Text
        cmdInsert.Parameters.Add("@Authority", SqlDbType.VarChar)
        cmdInsert.Parameters ( " @ Authority "). Value = cboAuthority. GetItemText
    (cboAuthority.SelectedItem)
        cmdInsert.Parameters.Add("@AuthorityRank", SqlDbType.Int)
        cmdInsert.Parameters("@AuthorityRank").Value = cboAuthority.SelectedIndex
        Dim count As Integer = cmdInsert.ExecuteNonQuery()
        If count = 1 Then
            Dim conRefresh As New SqlConnection(connectionString)
            Try
                conRefresh.Open()
            Catch ex As Exception
                MessageBox.Show("连接失败")
                Exit Sub
            End Try
            Dim adapter As New SqlDataAdapter()
            adapter.SelectCommand = New SqlCommand("SELECT * FROM 用户信息表", conRefresh)
            Dim dataset As New DataSet
            adapter.Fill(dataset)
            datagridview.DataSource = dataset.Tables.Item(0)
            conRefresh.Close()
        Else
            MessageBox.Show("插入失败")
        End If
        conInsert.Close()
    End Sub
```

代码执行时,判断是否输入了用户名,再判断是否输入了密码。如果用户名与密码都已经输入了再判断确认密码与输入的密码是否相同,判断是否进行了权限设置(用户权限与模块的关系如表 3-3 所示)。当用户名、密码、确认密码、权限都设置好后,检查当前输入用户名是否在数据库中已存在,如为新用户,则调用函数 ExecSQL 将新用户添加到 Users 表中。

表 3-3 用户权限与模块的关系

模 块 名 称	级别	权　　限	权限等级	可调用的模块级别
mnuUser	5	系统管理员	4	全部
mnuInsert	3	数据录入员	3	模块级别 1、2、3
mnuUpdate	4	管理人员	2	全部
mnuQuery	2	数据修改者	1	模块级别 1、2、3、4
mnuStock	1	一般用户	0	模块级别 1、2

由表 3-3 可见,用户权限为 4 时,即用户为系统管理员,系统分配给它的权限最大;当用户权限值为 0 时,系统分配给它的权限最小,即一般用户。

修改用户的密码操作与添加相似,先进行用户名、密码、确认密码判断,与"添加"按钮的代码相同,再使用以下代码将数据更新到 Users 表中。

```
txtSQL = "UPDATE Users SET 密码 = '" & textBoxPassword1.Text & "' WHERE 用户名 = '" &
textBoxUserName.Text & "'"
```

3. 当前记录显示

当单击数据网格中的某条记录时,触发 datagridview_CellMouseClick 事件,将表格中当前行的数据显示在输入框中,代码如下:

```
Private Sub datagridview_CellMouseClick ( sender As. Object, e As DataGridViewCellMouse -
EventArgs) Handles datagridview.CellMouseClick
    txtBoxUsername.Text = datagridview.CurrentRow.Cells("用户名").Value
    txtBoxPassword1.Text = datagridview.CurrentRow.Cells("密码").Value
    txtBoxPassword2.Text = datagridview.CurrentRow.Cells("密码").Value
    cboAuthority.Text = datagridview.CurrentRow.Cells("权限").Value
    selNo = datagridview.CurrentRow.Cells("编号").Value
End Sub
```

3.5 数据录入功能的实现

数据录入用于实现对商品信息的录入,由"数据录入"窗体(GoodsInsertWnd)提供界面,以便于用户将商品的各项数据录入后端 SQL Server 数据库商品信息管理系统的商品信息表中。

在"数据录入"窗体中,使用 7 个文本框输入商品的编码、名称、价格、单位、数量、供应商、备注;使用 DataTimePicker 控件输入进货时间。"数据录入"窗体的界面如图 3-9 所示。

当单击"进货时间"DataTimePicker 控件的下拉按钮时,出现如图 3-10 所示的日期输入对话框,其初始值为当天日期,选择日期返回给 DataTimePicker 控件。

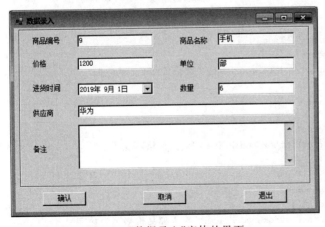

图 3-9 "数据录入"窗体的界面

图 3-10 DataTimePicker 控件执行时

"数据录入"窗体的控件及属性值如表 3-4 所示。

表 3-4 "数据录入"窗体的控件及属性值

控件名称	属性	属性值	控件名称	属性	属性值
Label	Name	Label1	TextBox	Name	txtBoxGoodsNo
	Text	商品编号	TextBox	Name	txtBoxGoodsName
Label	Name	Label2	TextBox	Name	txtBoxGoodsPrice
	Text	商品名称	TextBox	Name	txtBoxGoodsUnit
Label	Name	Label3	TextBox	Name	txtBoxGoodsNum
	Text	价格	TextBox	Name	txtBoxGoodsSupplier
Label	Name	Label4	TextBox	Name	txtBoxGoodsRemark
	Text	单位	DataTimePicker	Name	datetimePicker
Label	Name	Label5		Value	Now
	Text	进货时间	Button	Name	btnOK
Label	Name	Label6		Text	确认
	Text	数量	Button	Name	btnCancel
Label	Name	Label7		Text	取消
	Text	供应商	Button	Name	btnExit
Label	Name	Label8		Text	退出
	Text	备注			

为"数据录入"窗体的"确认"按钮添加以下代码：

```
Private Sub btnOK_Click(sender As Object, e As EventArgs) Handles btnOK.Click
    errorProvider.Clear()
    If txtBoxGoodsNo.Text = "" Then
        txtBoxGoodsNo.Focus()
        errorProvider.SetError(txtBoxGoodsNo, "商品编号不能为空")
        Exit Sub
    End If
    If Not IsNumeric(txtBoxGoodsNo.Text) Then
        txtBoxGoodsNo.Focus()
        errorProvider.SetError(txtBoxGoodsNo, "输入商品编号不为数字")
        Exit Sub
    End If
    If txtBoxGoodsName.Text = "" Then
        txtBoxGoodsName.Focus()
        errorProvider.SetError(txtBoxGoodsName, "商品名称不能为空")
        Exit Sub
    End If
    If txtBoxGoodsPrice.Text = "" Then
        txtBoxGoodsPrice.Focus()
        errorProvider.SetError(txtBoxGoodsPrice, "商品价格不能为空")
        Exit Sub
    End If
    If Not IsNumeric(txtBoxGoodsPrice.Text) Then
        txtBoxGoodsPrice.Focus()
        errorProvider.SetError(txtBoxGoodsPrice, "输入商品价格不为数字")
        Exit Sub
    End If
```

```
    If txtBoxGoodsUnit.Text = "" Then
        txtBoxGoodsUnit.Focus()
        errorProvider.SetError(txtBoxGoodsUnit, "商品单位不能为空")
        Exit Sub
    End If
    If txtBoxGoodsNum.Text = "" Then
        txtBoxGoodsNum.Focus()
        errorProvider.SetError(txtBoxGoodsNum, "商品数量不能为空")
        Exit Sub
    End If
    If Not IsNumeric(txtBoxGoodsNum.Text) Then
        txtBoxGoodsNum.Focus()
        errorProvider.SetError(txtBoxGoodsNum, "输入商品数量不为数字")
        Exit Sub
    End If
    If txtBoxGoodsSupplier.Text = "" Then
        txtBoxGoodsSupplier.Focus()
        errorProvider.SetError(txtBoxGoodsSupplier, "商品供应商不能为空")
        Exit Sub
    End If
    Dim insertString = "INSERT INTO 商品信息表(编号, 名称, 价格, 单位, 进货时间, 数量, 供
应商, 备注) VALUES((@GoodsNo), (@GoodsName), (@GoodsPrice), (@GoodsUnit), (@GoodsInTime),
(@GoodsNum), (@GoodsSupplier), (@GoodsRemark))"
    Dim conInsert As New SqlConnection(connectionString)
    Try
        conInsert.Open()
    Catch ex As Exception
        MessageBox.Show("连接失败")
        Exit Sub
    End Try
    Dim cmdInsert As New SqlCommand(insertString, conInsert)
    cmdInsert.Parameters.Add("@GoodsNo", SqlDbType.VarChar)
    cmdInsert.Parameters("@GoodsNo").Value = txtBoxGoodsNo.Text
    cmdInsert.Parameters.Add("@GoodsName", SqlDbType.VarChar)
    cmdInsert.Parameters("@GoodsName").Value = txtBoxGoodsName.Text
    cmdInsert.Parameters.Add("@GoodsPrice", SqlDbType.Money)
    cmdInsert.Parameters("@GoodsPrice").Value = txtBoxGoodsPrice.Text
    cmdInsert.Parameters.Add("@GoodsUnit", SqlDbType.VarChar)
    cmdInsert.Parameters("@GoodsUnit").Value = txtBoxGoodsUnit.Text
    cmdInsert.Parameters.Add("@GoodsInTime", SqlDbType.SmallDateTime)
    cmdInsert.Parameters("@GoodsInTime").Value = datetimePicker.Value
    cmdInsert.Parameters.Add("@GoodsNum", SqlDbType.Int)
    cmdInsert.Parameters("@GoodsNum").Value = Convert.ToInt32(txtBoxGoodsNum.Text)
    cmdInsert.Parameters.Add("@GoodsSupplier", SqlDbType.VarChar)
    cmdInsert.Parameters("@GoodsSupplier").Value = txtBoxGoodsSupplier.Text
    cmdInsert.Parameters.Add("@GoodsRemark", SqlDbType.VarChar)
    cmdInsert.Parameters("@GoodsRemark").Value = txtBoxGoodsRemark.Text
    Dim count As Integer = cmdInsert.ExecuteNonQuery()
    If count = 1 Then
        MessageBox.Show("插入成功")
        txtBoxGoodsNo.Text = ""
        txtBoxGoodsName.Text = ""
        txtBoxGoodsPrice.Text = ""
        txtBoxGoodsNum.Text = ""
```

```
                txtBoxGoodsUnit.Text = ""
                txtBoxGoodsSupplier.Text = ""
                txtBoxGoodsRemark.Text = ""
                datetimePicker.Value = Now
            Else
                MessageBox.Show("插入失败")
            End If
            conInsert.Close()
        End Sub
```

在"数据录入"窗体,单击"确定"按钮,判断是否有未填项。若有则提示用户输入,并将焦点设置在未填数据的文本框上。

当单击"取消"按钮时,应去掉当前窗体上的数据,让用户重填,代码如下:

```
Private Sub btnCancel_Click(sender As Object, e As EventArgs) Handles btnCancel.Click
    txtBoxGoodsNo.Text = ""
    txtBoxGoodsName.Text = ""
    txtBoxGoodsPrice.Text = ""
    txtBoxGoodsNum.Text = ""
    txtBoxGoodsUnit.Text = ""
    txtBoxGoodsSupplier.Text = ""
    txtBoxGoodsRemark.Text = ""
    datetimePicker.Value = Now
End Sub
```

3.6 数据修改功能的实现

数据修改功能可实现商品信息逐条浏览,并对其进行修改、删除和添加操作。由"商品信息修改"窗体(GoodsUpdateWnd)提供操作界面,修改数据时,用户可以按"向前"或"向后"按钮浏览数据,在需要修改的数据上进行修改。修改完毕,单击"修改"按钮将数据写入商品信息管理系统数据库的商品信息表中。用户也可以将不需要的记录信息删除,还可以添加新的商品信息。"商品信息修改"窗体的界面如图 3-11 所示。

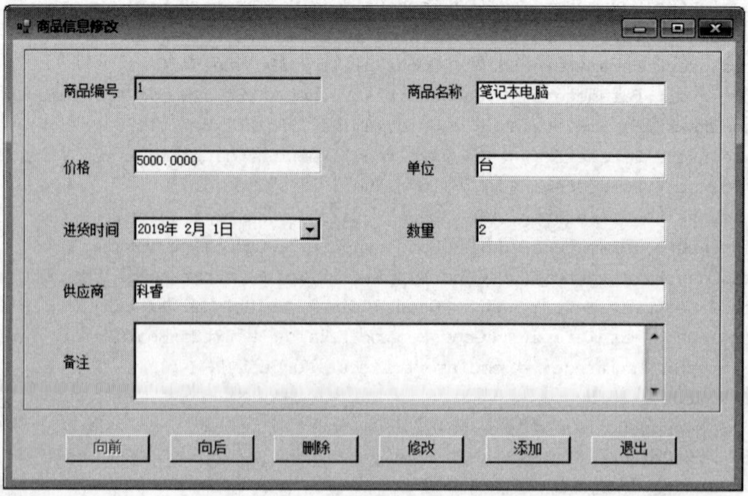

图 3-11 "商品信息修改"窗体的界面

在"商品信息修改"窗体中,商品信息显示、录入部分采用"数据录入"模块的设计(参见 3.5 节),采用 ADO. NET 的数据绑定方式,为商品信息显示的各字段提供数据。"商品信息修改"窗体的控件及属性值如表 3-5 所示。

表 3-5 "商品信息修改"窗体的控件及属性值

控件名称	属性	属性值	控件名称	属性	属性值
Label	Name	Label1	TextBox	Name	txtBoxGoodsNo
	Text	商品编号	TextBox	Name	txtBoxGoodsName
Label	Name	Label2	TextBox	Name	txtBoxGoodsPrice
	Text	商品名称	TextBox	Name	txtBoxGoodsUnit
Label	Name	Label3	TextBox	Name	txtBoxGoodNum
	Text	价格	TextBox	Name	txtBoxGoodsSupplier
Label	Name	Label4	TextBox	Name	txtBoxGoodsRemark
	Text	单位	Button	Name	btnForward
Label	Name	Label5		Text	向前
	Text	进货时间	Button	Name	btnBackward
Label	Name	Label6		Text	向后
	Text	数量	Button	Name	btnDelete
Label	Name	Label7		Text	删除
	Text	供应商	Button	Name	btnUpdate
Label	Name	Label8		Text	修改
	Text	备注	Button	Name	btnAdd
DataTimePicker	Name	datetimePicker		Text	添加
	Value	Now	Button	Name	btnExit
GroupBox	Name	GroupBox1		Text	退出

下面是"商品信息修改"窗体的功能实现代码。

(1) 第一次打开"商品信息修改"窗体时,从商品信息表中取得数据,并与窗体中的控件进行绑定,记录定位在第一条,使"商品编号"文本框为不可编辑状态,以禁止用户修改商品的编号,其代码如下:

```
Dim binding As BindingManagerBase '创建 BindingManagerBase 对象
    Dim dataset As DataSet
    Dim table As Data.DataTable
Private Sub GoodsUpdateWnd_Load(sender As Object, e As EventArgs) Handles MyBase.Load
    Dim con As New SqlConnection(connectionString)
    Try
        con.Open()
    Catch ex As Exception
        MessageBox.Show("连接失败")
        Exit Sub
    End Try
    Dim cmd As New SqlCommand("SELECT * FROM 商品信息表", con)
    Dim adapter As New SqlDataAdapter()
    adapter.SelectCommand = cmd
    dataset = New DataSet
```

```
        adapter.Fill(dataset)
        table = dataset.Tables.Item(0)
        txtBoxGoodsNo.DataBindings.Add("Text", table, "编号")
        txtBoxGoodsName.DataBindings.Add("Text", table, "名称")
        txtBoxGoodsPrice.DataBindings.Add("Text", table, "价格")
        txtBoxGoodsUnit.DataBindings.Add("Text", table, "单位")
        txtBoxGoodsNum.DataBindings.Add("Text", table, "数量")
        txtBoxGoodsSupplier.DataBindings.Add("Text", table, "供应商")
        txtBoxGoodsRemark.DataBindings.Add("Text", table, "备注")
        datetimePicker.DataBindings.Add("Text", table, "进货时间")
        binding = CType(Me.BindingContext(table), CurrencyManager)
        binding.Position = 0
        btnForward.Enabled = False
        If binding.Count = 1 Then
            btnBackward.Enabled = False
        End If
        con.Close()
    End Sub
```

(2) 在单击"向前"或"向后"按钮时,将使数据表 Products 向前或向后移动一条商品记录,以下为代码:

```
    '向前移动一条记录
    Private Sub btnForward_Click(sender As Object, e As EventArgs) Handles btnForward.Click
        If binding.Position = 1 Then
            btnForward.Enabled = False
        End If
        If binding.Position = binding.Count - 1 Then
            btnBackward.Enabled = True
        End If
        binding.Position = binding.Position - 1
End Sub
    '向后移动一条记录
    Private Sub btnBackward_Click(sender As Object, e As EventArgs) Handles btnBackward.Click
        If binding.Position = 0 Then
            btnForward.Enabled = True
        End If
        If binding.Position = binding.Count - 2 Then
            btnBackward.Enabled = False
        End If
        binding.Position = binding.Position + 1
    End Sub
```

程序执行时,通过 binding.Position 的值来判断是否已到达记录的头或尾。若是,则将记录指针移动到第一条记录或最后一条记录。

(3) 单击"添加"按钮时,程序将执行以下代码:

```
Private Sub btnAdd_Click(sender As Object, e As EventArgs) Handles btnAdd.Click
    errorProvider.Clear()
    If btnAdd.Text = "添加" Then
        binding.AddNew()
```

```
        binding.Position = binding.Count + 1
        btnAdd.Text = "确认"
        btnExit.Text = "取消"
        btnForward.Enabled = False
        btnBackward.Enabled = False
        btnDelete.Enabled = False
        btnUpdate.Enabled = False
        txtBoxGoodsName.Text = ""
        txtBoxGoodsPrice.Text = ""
        txtBoxGoodsUnit.Text = ""
        txtBoxGoodsNum.Text = ""
        txtBoxGoodsSupplier.Text = ""
        txtBoxGoodsRemark.Text = ""
        datetimePicker.Value = Now
        txtBoxGoodsNo.Text = (Convert.ToInt32(table.Compute("max(编号)", "")) + 1).ToString
Else
    If txtBoxGoodsName.Text = "" Then
        txtBoxGoodsName.Focus()
        errorProvider.SetError(txtBoxGoodsName, "商品名称不能为空")
        Exit Sub
    End If
    If txtBoxGoodsPrice.Text = "" Then
        txtBoxGoodsPrice.Focus()
        errorProvider.SetError(txtBoxGoodsPrice, "商品价格不能为空")
        Exit Sub
    End If
    If Not IsNumeric(txtBoxGoodsPrice.Text) Then
        txtBoxGoodsPrice.Focus()
        errorProvider.SetError(txtBoxGoodsPrice, "输入商品价格不为数字")
        Exit Sub
    End If
    If txtBoxGoodsUnit.Text = "" Then
        txtBoxGoodsUnit.Focus()
        errorProvider.SetError(txtBoxGoodsUnit, "商品单位不能为空")
        Exit Sub
    End If
    If txtBoxGoodsNum.Text = "" Then
        txtBoxGoodsNum.Focus()
        errorProvider.SetError(txtBoxGoodsNum, "商品数量不能为空")
        Exit Sub
    End If
    If Not IsNumeric(txtBoxGoodsNum.Text) Then
        txtBoxGoodsNum.Focus()
        errorProvider.SetError(txtBoxGoodsNum, "输入商品数量不为数字")
        Exit Sub
    End If
    If txtBoxGoodsSupplier.Text = "" Then
        txtBoxGoodsSupplier.Focus()
        errorProvider.SetError(txtBoxGoodsSupplier, "商品供应商不能为空")
        Exit Sub
    End If
```

```
        Dim insertString = "INSERT INTO 商品信息表(编号, 名称, 价格, 单位, 进货时间, 数量, 供
应商, 备注) VALUES(((@GoodsNo), (@GoodsName), (@GoodsPrice), (@GoodsUnit), (@GoodsInTime),
(@GoodsNum), (@GoodsSupplier), (@GoodsRemark))"
        Dim conInsert As New SqlConnection(connectionString)
        Try
            conInsert.Open()
        Catch ex As Exception
            MessageBox.Show("连接失败")
            Exit Sub
        End Try
        Dim cmdInsert As New SqlCommand(insertString, conInsert)
        cmdInsert.Parameters.Add("@GoodsNo", SqlDbType.VarChar)
        cmdInsert.Parameters("@GoodsNo").Value = txtBoxGoodsNo.Text
        cmdInsert.Parameters.Add("@GoodsName", SqlDbType.VarChar)
        cmdInsert.Parameters("@GoodsName").Value = txtBoxGoodsName.Text
        cmdInsert.Parameters.Add("@GoodsPrice", SqlDbType.Money)
        cmdInsert.Parameters("@GoodsPrice").Value = txtBoxGoodsPrice.Text
        cmdInsert.Parameters.Add("@GoodsUnit", SqlDbType.VarChar)
        cmdInsert.Parameters("@GoodsUnit").Value = txtBoxGoodsUnit.Text
        cmdInsert.Parameters.Add("@GoodsInTime", SqlDbType.SmallDateTime)
        cmdInsert.Parameters("@GoodsInTime").Value = datetimePicker.Value
        cmdInsert.Parameters.Add("@GoodsNum", SqlDbType.Int)
        cmdInsert.Parameters("@GoodsNum").Value = Convert.ToInt32(txtBoxGoodsNum.Text)
        cmdInsert.Parameters.Add("@GoodsSupplier", SqlDbType.VarChar)
        cmdInsert.Parameters("@GoodsSupplier").Value = txtBoxGoodsSupplier.Text
        cmdInsert.Parameters.Add("@GoodsRemark", SqlDbType.VarChar)
        cmdInsert.Parameters("@GoodsRemark").Value = txtBoxGoodsRemark.Text
        Dim count As Integer = cmdInsert.ExecuteNonQuery()
        If count = 1 Then
            MessageBox.Show("插入成功")
            btnAdd.Text = "添加"
            btnExit.Text = "退出"
            btnForward.Enabled = True
            btnDelete.Enabled = True
            btnUpdate.Enabled = True
        Else
            MessageBox.Show("插入失败")
        End If
        conInsert.Close()
    End If
End Sub
```

先判断 btnAdd 按钮的状态,如果 btnAdd 按钮状态为"添加",其 Text 属性为"添加",则程序会禁用"向前""向后""删除""修改"按钮,并将 btnAdd 按钮的 Text 属性"添加"修改为"确认",将 btnExit 按钮的 Text 属性"退出"修改为"取消",以便用户在输入数据完成后再确认,或者用户输入错误时取消而重新输入。

当用户单击 btnAdd 按钮为"确认"状态时,程序检查是否有未填项,若有,则将数据写入数据表商品信息表中。同时将 btnAdd 按钮的 Text 属性"确认"修改为"添加",将 btnExit 按钮的 Text 属性"取消"修改为"退出",将前面禁用按钮设置为允许。

（4）当用户修改了某记录的内容，单击"修改"按钮时，程序将执行以下代码：

```vb
Private Sub btnUpdate_Click(sender As Object, e As EventArgs) Handles btnUpdate.Click
        If txtBoxGoodsName.Text = "" Then
            txtBoxGoodsName.Focus()
            errorProvider.SetError(txtBoxGoodsName, "商品名称不能为空")
            Exit Sub
        End If
        If txtBoxGoodsPrice.Text = "" Then
            txtBoxGoodsPrice.Focus()
            errorProvider.SetError(txtBoxGoodsPrice, "商品价格不能为空")
            Exit Sub
        End If
        If Not IsNumeric(txtBoxGoodsPrice.Text) Then
            txtBoxGoodsPrice.Focus()
            errorProvider.SetError(txtBoxGoodsPrice, "输入商品价格不为数字")
            Exit Sub
        End If
        If txtBoxGoodsUnit.Text = "" Then
            txtBoxGoodsUnit.Focus()
            errorProvider.SetError(txtBoxGoodsUnit, "商品单位不能为空")
            Exit Sub
        End If
        If txtBoxGoodsNum.Text = "" Then
            txtBoxGoodsNum.Focus()
            errorProvider.SetError(txtBoxGoodsNum, "商品数量不能为空")
            Exit Sub
        End If
        If Not IsNumeric(txtBoxGoodsNum.Text) Then
            txtBoxGoodsNum.Focus()
            errorProvider.SetError(txtBoxGoodsNum, "输入商品数量不为数字")
            Exit Sub
        End If
        If txtBoxGoodsSupplier.Text = "" Then
            txtBoxGoodsSupplier.Focus()
            errorProvider.SetError(txtBoxGoodsSupplier, "商品供应商不能为空")
            Exit Sub
        End If
        Dim current As Integer = binding.Position
        Dim updateString = "UPDATE 商品信息表 SET 名称 = (@GoodsName), 价格 = (@GoodsPrice),
单位 = (@GoodsUnit), 进货时间 = (@GoodsInTime), 数量 = (@GoodsNum), 供应商 = (@GoodsSupplier),
备注 = (@GoodsRemark) where 编号 = (@GoodsNo)"
        Dim conUpdate As New SqlConnection(connectionString)
        Try
            conUpdate.Open()
        Catch ex As Exception
            MessageBox.Show("连接失败")
            Exit Sub
        End Try
        Dim cmdModify As New SqlCommand(updateString, conUpdate)
        cmdModify.Parameters.Add("@GoodsNo", SqlDbType.VarChar)
```

```
            cmdModify.Parameters("@GoodsNo").Value = txtBoxGoodsNo.Text
            cmdModify.Parameters.Add("@GoodsName", SqlDbType.VarChar)
            cmdModify.Parameters("@GoodsName").Value = txtBoxGoodsName.Text
            cmdModify.Parameters.Add("@GoodsPrice", SqlDbType.Money)
            cmdModify.Parameters("@GoodsPrice").Value = txtBoxGoodsPrice.Text
            cmdModify.Parameters.Add("@GoodsUnit", SqlDbType.VarChar)
            cmdModify.Parameters("@GoodsUnit").Value = txtBoxGoodsUnit.Text
            cmdModify.Parameters.Add("@GoodsInTime", SqlDbType.SmallDateTime)
            cmdModify.Parameters("@GoodsInTime").Value = datetimePicker.Value
            cmdModify.Parameters.Add("@GoodsNum", SqlDbType.Int)
            cmdModify.Parameters("@GoodsNum").Value = Convert.ToInt32(txtBoxGoodsNum.Text)
            cmdModify.Parameters.Add("@GoodsSupplier", SqlDbType.VarChar)
            cmdModify.Parameters("@GoodsSupplier").Value = txtBoxGoodsSupplier.Text
            cmdModify.Parameters.Add("@GoodsRemark", SqlDbType.VarChar)
            cmdModify.Parameters("@GoodsRemark").Value = txtBoxGoodsRemark.Text
            Dim count As Integer = cmdModify.ExecuteNonQuery()
            If count = 1 Then
                MessageBox.Show("修改成功")
                table.Rows(binding.Position).EndEdit()
                table.AcceptChanges()
                binding.Position = current
            Else
                MessageBox.Show("修改失败")
            End If
            conUpdate.Close()
        End Sub
```

(5) 当用户单击"退出"按钮时,程序执行以下代码:

```
Private Sub btnExit_Click(sender As Object, e As EventArgs) Handles btnExit.Click
    If btnExit.Text = "退出" Then
        Me.Close()
    Else
        binding.RemoveAt(binding.Position)
        binding.Position = 0
        btnAdd.Text = "添加"
        btnExit.Text = "退出"
        btnDelete.Enabled = True
        btnUpdate.Enabled = True
        btnForward.Enabled = False
        If binding.Count = 1 Then
            btnBackward.Enabled = False
        Else
            btnBackward.Enabled = True
        End If
    End If
End Sub
```

判断按钮 btnExit 是否处于"取消"状态,若否,即"添加"新记录的工作可能没有完成,而要退回到"修改/浏览"状态;若是,则应将 btnExit 按钮的 Text 属性"取消"修改为"退出",以恢复其"退出"状态,并将禁用的按钮设置为允许。若按钮 btnExit 处于"退出"状态,则退出程序。

3.7 数据查询功能的实现

数据查询功能使所有登录用户能够查询系统的商品信息,由"商品信息查询"窗口实现。在本系统中用户可以选择不同的查询条件进行查询,如按编号、供应商查询,也可以同时选择时间段来查询,或者查询所有记录。"商品信息查询"窗体的界面如图 3-12 所示。

图 3-12 "商品信息查询"窗体的界面

在"商品信息查询"窗体(GoodsQueryWnd)中,查询的结果由 DataGridView 数据网格控件显示,与数据库的连接由 ADO.NET 数据对象来完成,查询条件由 RadioButton 控件来选择,是否同时确定进货时间段则由 CheckBox 控件控制。该窗体的控件名称及属性值如表 3-6 所示。

表 3-6 "商品信息查询"窗体的控件及属性值

控件名称	属性	属性值	控件名称	属性	属性值
Button	Name	btnQuery	ComboBox	Name	cboProductNo
	Text	查询	ComboBox	Name	cboSupplier
Button	Name	btnExit	DataTimePicker	Name	startTime
	Text	退出		Format	Short
RadioButton	Name	rdoProductNo	DataTimePicker	Name	endTime
	Text	编号		Format	Short
	Checked	True	Label	Name	Label1
RadioButton	Name	rdoSupplier		Text	到
	Text	供应商	DataGridView	Name	datagridview
	Checked	False	CheckBox	Name	chkTime
RadioButton	Name	rdoAll	GroupBox	Name	GroupBox1
	Text	全部		Text	商品信息
	Checked	False	GroupBox	Name	GroupBox2

这样可以通过 SQL 语句设置不同的查询条件。

下面是"商品信息查询"窗体的功能实现代码。

（1）当第一次打开"商品信息查询"窗体时，要求连接数据并在其中显示商品信息表的所有记录，其代码如下：

```
Private Sub GoodsQueryWnd_Load(sender As Object, e As EventArgs) Handles MyBase.Load
    Dim conCheck As New SqlConnection(connectionString)
    Try
        conCheck.Open()
    Catch ex As Exception
        MessageBox.Show("连接失败")
        Exit Sub
    End Try
    Dim adapter As New SqlDataAdapter()
    adapter.SelectCommand = New SqlCommand("SELECT * FROM 商品信息表", conCheck)
    Dim dataset As New DataSet
    adapter.Fill(dataset)
    datagridview.DataSource = dataset.Tables.Item(0)
    conCheck.Close()
    Dim conCheckProductNo As New SqlConnection(connectionString)
    Try
        conCheckProductNo.Open()
    Catch ex As Exception
        MessageBox.Show("连接失败")
        Exit Sub
    End Try
    Dim adapterProductNo As New SqlDataAdapter()
    adapterProductNo.SelectCommand = New SqlCommand("SELECT DISTINCT 编号 FROM 商品信息
表", conCheckProductNo)
    Dim datasetProductNo As New DataSet
    adapterProductNo.Fill(datasetProductNo)
    cboProductNo.Items.Clear()
    Dim i As Integer
    Dim iCount As Integer = datasetProductNo.Tables.Item(0).Rows.Count
    For i = 0 To iCount - 1
        cboProductNo.Items.Add(datasetProductNo.Tables.Item(0).Rows(i).Item("编号").ToString)
    Next
    cboProductNo.SelectedIndex = 0
    conCheckProductNo.Close()
    Dim conCheckProductSupplier As New SqlConnection(connectionString)
    Try
        conCheckProductSupplier.Open()
    Catch ex As Exception
        MessageBox.Show("连接失败")
        Exit Sub
    End Try
    Dim adapterProductSupplier As New SqlDataAdapter()
    adapterProductSupplier.SelectCommand = New SqlCommand("SELECT DISTINCT 供应商 from
商品信息表", conCheckProductSupplier)
    Dim datasetProductSupplier As New DataSet
```

```
        adapterProductSupplier.Fill(datasetProductSupplier)
        cboSupplier.Items.Clear()
        iCount = datasetProductSupplier.Tables.Item(0).Rows.Count
        For i = 0 To iCount - 1
            cboSupplier.Items.Add(datasetProductSupplier.Tables.Item(0).Rows(i).Item("供应商").
ToString)
        Next
        cboSupplier.SelectedIndex = 0
        conCheckProductSupplier.Close()
End Sub
```

当用户选择用"编号"为条件查询时,单击 cboProductNo 下拉按钮,可以从下拉列表中选择一个编号值,去查询 Products 表中该编号值的商品信息,这样不仅准确而且方便,不必用户输入编号。

同样,在 cboSupplier 中可以选择供应商,以查询该供应商的商品信息。

(2)当设置了查询条件后,单击"查询"按钮时,程序将执行以下代码:

```
Private Sub btnQuery_Click(sender As Object, e As EventArgs) Handles btnQuery.Click
        errorProvider.Clear()
        Dim queryString As String
        Dim conQuery As SqlConnection
        Dim cmdQuery As SqlCommand
        If rdoProducNo.Checked Then
            If cboProductNo.Text = "" Then
                errorProvider.SetError(cboProductNo, "未选择商品编号")
                Exit Sub
            End If
            conQuery = New SqlConnection(connectionString)
            Try
                conQuery.Open()
            Catch ex As Exception
                MessageBox.Show("连接失败")
                Exit Sub
            End Try
            If chkTime.Checked Then
                queryString = "SELECT * FROM 商品信息表 WHERE 编号 = (@ProductNo) and 进
货时间 between (@StartTime) and (@EndTime)"
                cmdQuery = New SqlCommand(queryString, conQuery)
                cmdQuery.Parameters.Add("@ProductNo", SqlDbType.VarChar)
                cmdQuery.Parameters("@ProductNo").Value = cboProductNo.Text
                cmdQuery.Parameters.Add("@StartTime", SqlDbType.SmallDateTime)
                cmdQuery.Parameters("@StartTime").Value = startTime.Value
                cmdQuery.Parameters.Add("@EndTime", SqlDbType.SmallDateTime)
                cmdQuery.Parameters("@EndTime").Value = endTime.Value
            Else
                queryString = "SELECT * FROM 商品信息表 WHERE 编号 = (@ProductNo)"
                cmdQuery = New SqlCommand(queryString, conQuery)
                cmdQuery.Parameters.Add("@ProductNo", SqlDbType.VarChar)
                cmdQuery.Parameters("@ProductNo").Value = cboProductNo.Text
            End If
```

```
            Dim adapter As New SqlDataAdapter()
            adapter.SelectCommand = cmdQuery
            Dim dataset As New DataSet
            adapter.Fill(dataset)
            datagridview.DataSource = dataset.Tables.Item(0)
            conQuery.Close()
        ElseIf rdoSupplier.Checked Then
            If cboSupplier.Text = "" Then
                errorProvider.SetError(cboSupplier, "未选择供应商")
                Exit Sub
            End If
            conQuery = New SqlConnection(connectionString)
            Try
                conQuery.Open()
            Catch ex As Exception
                MessageBox.Show("连接失败")
                Exit Sub
            End Try
            If chkTime.Checked Then
                queryString = "SELECT * FROM 商品信息表 WHERE 供应商 = (@Supplier) And 进
货时间 Between (@StartTime) And (@EndTime)"
                cmdQuery = New SqlCommand(queryString, conQuery)
                cmdQuery.Parameters.Add("@Supplier", SqlDbType.VarChar)
                cmdQuery.Parameters("@Supplier").Value = cboSupplier.Text
                cmdQuery.Parameters.Add("@StartTime", SqlDbType.SmallDateTime)
                cmdQuery.Parameters("@StartTime").Value = startTime.Value
                cmdQuery.Parameters.Add("@EndTime", SqlDbType.SmallDateTime)
                cmdQuery.Parameters("@EndTime").Value = endTime.Value
            Else
                queryString = "SELECT * FROM 商品信息表 WHERE 供应商 = (@Supplier)"
                cmdQuery = New SqlCommand(queryString, conQuery)
                cmdQuery.Parameters.Add("@Supplier", SqlDbType.VarChar)
                cmdQuery.Parameters("@Supplier").Value = cboSupplier.Text
            End If
            Dim adapter As New SqlDataAdapter()
            adapter.SelectCommand = cmdQuery
            Dim dataset As New DataSet
            adapter.Fill(dataset)
            datagridview.DataSource = dataset.Tables.Item(0)
            conQuery.Close()
        ElseIf rdoAll.Checked Then
            conQuery = New SqlConnection(connectionString)
            Try
                conQuery.Open()
            Catch ex As Exception
                MessageBox.Show("连接失败")
                Exit Sub
            End Try
            If chkTime.Checked Then
                queryString = "SELECT * FROM 商品信息表 WHERE 进货时间 Between (@StartTime) And
(@EndTime)"
```

```
        cmdQuery = New SqlCommand(queryString, conQuery)
        cmdQuery.Parameters.Add("@StartTime", SqlDbType.SmallDateTime)
        cmdQuery.Parameters("@StartTime").Value = startTime.Value
        cmdQuery.Parameters.Add("@EndTime", SqlDbType.SmallDateTime)
        cmdQuery.Parameters("@EndTime").Value = endTime.Value
    Else
        queryString = "SELECT * FROM 商品信息表"
        cmdQuery = New SqlCommand(queryString, conQuery)
    End If
    Dim adapter As New SqlDataAdapter()
    adapter.SelectCommand = cmdQuery
    Dim dataset As New DataSet
    adapter.Fill(dataset)
    datagridview.DataSource = dataset.Tables.Item(0)
    conQuery.Close()
    End If
End Sub
```

程序根据 RadioButton 的状态判断用户选择了何种查询条件。如果用户选择"编号"或"供应商"中的某一个,则从组合框 cboProductNo 或 cboSupplier 中选择相应值,组成对应的查询条件,执行 ExecSQL 过程,将返回的结果数据集 DBSet 绑定到数据网格控件 dbgrdProducts,以显示查询的结果。

3.8 库存信息显示功能的实现

商品库存的显示由"商品库存"窗体(GoodsStockWnd)实现,"商品库存"窗体使用图表方式向用户显示商品的库存数量。其商品库存图表显示界面如图 3-13 所示。

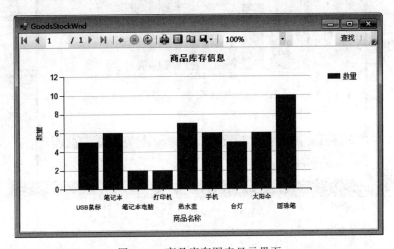

图 3-13 商品库存图表显示界面

为了能够用图形显示数据,"商品库存"窗体使用了 ReportViewer 控件和 RDLC 报表。RDLC 的英文全称是 Report Definition Language Client-side processing,Client-side processing 强调了它的客户端处理能力。RDLC 报表基于报表定义,它是一个说明数据和布局的 XML 文件,使用报表定义语言编写。VB. NET 开发环境提供了设计和使用这种报表的能力,Microsoft 将这种报表的扩展名定为 RDLC。

以图表方式向用户显示商品的库存数量的设计过程如下。

(1) 定义数据源。

选择"数据"→"添加新数据源"命令,在打开的"数据源配置向导"对话框中选择"数据库"选项,单击"下一步"按钮。在"选择你的数据连接"页中,选择的是 SQL Server 的商品信息管理系统数据库,单击"下一步"按钮。然后在"选择数据库对象"页中,选择"商品信息表",最后单击"完成"按钮,添加的数据源如图 3-14 所示。

(2) 选择"项目"→"添加新项"命令,打开"添加新项"对话框。选择 Reporting 项的"报表"图标,输入名称 Goods. rdlc,单击"添加"按钮,将打开报表设计器。将工具箱中"报表项"的"图表"控件 Chart1 拖动到窗体中。在"选择图表类型"对话框

图 3-14　报表数据源

选择"条形图",然后在"数据集属性"对话框中选择数据源 GoodsDataSet,将数据源中的"数量"字段和"名称"字段分别拖动到"图表"控件中对应的位置,如图 3-15 所示。

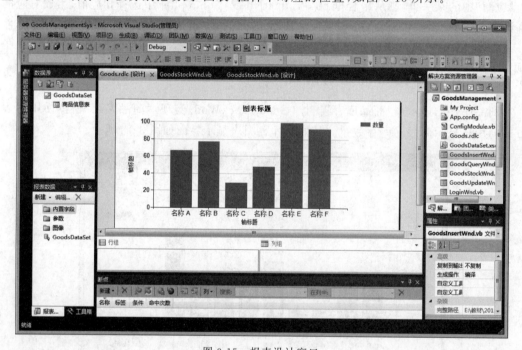

图 3-15　报表设计窗口

(3) 添加一个 Windows 窗体,命名为 GoodsStockWnd,在"商品库存"窗体中放置一个 ReportViewer 控件和一个"查找"按钮,如图 3-13 所示。

(4) 显示图形的代码在 GoodsStockWnd_Load 过程中实现,其代码如下:

```
Private Sub GoodsStockWnd_Load(sender As Object, e As EventArgs) Handles MyBase.Load
        Dim conQuery = New SqlConnection(connectionString)
        Try
        conQuery.Open()
```

```
        Catch ex As Exception
            MessageBox.Show("连接失败")
            Exit Sub
        End Try
        Dim cmdQuery As New SqlCommand("SELECT * FROM 商品信息表", conQuery)
        Dim adapter As New SqlDataAdapter()
        adapter.SelectCommand = cmdQuery
        Dim dataset As New DataSet
        adapter.Fill(dataset)
        conQuery.Close()
        Me.reportViewer.LocalReport.DataSources.Clear()
        Me.reportViewer.ProcessingMode = Microsoft.Reporting.WinForms.ProcessingMode.Local
        Me.reportViewer.LocalReport.ReportPath = "Goods.rdlc"
        Me.reportViewer.LocalReport.DataSources.Add(New Microsoft.Reporting.WinForms.
ReportDataSource("GoodsDataSet", dataset.Tables(0)))
        Me.reportviewer.RefreshReport()
    End Sub
```

程序执行时,"商品库存"窗体的加载过程中,程序从数据库中取出商品信息表中的商品名称和商品数量信息显示在报表控件中。

参 考 文 献

[1]　教育部高等学校大学计算机课程教学指导委员会.大学计算机基础课程教学基本要求[M].北京：高等教育出版社,2016.

[2]　丁宝康,汪卫,张守志.数据库系统教程(第3版)习题解答与实验指导[M].北京：高等教育出版社,2009.

[3]　奎晓燕,刘卫国.数据库技术与应用实践教程——SQL Server 2008[M].北京：清华大学出版社,2014.

[4]　贾铁军.数据库原理及应用学习与实践指导(SQL Server 2012)[M].北京：电子工业出版社,2013.

[5]　贾祥素.SQL Server 2012 案例教程[M].北京：清华大学出版社,2014.

[6]　黄梯云.计算机软硬件基础、VB.NET 及其在管理信息系统中的应用[M].北京：清华大学出版社,2016.